Fertigung und Betrieb
Fachbücher für Praxis und Studium
Herausgeber: H. Determann und W. Malmberg
Band 7

Hans H. Klein

Bohren und Aufbohren

Verfahren, Betriebsmittel,
Wirtschaftlichkeit, Arbeitszeitermittlung

Springer-Verlag
Berlin · Heidelberg · New York 1975

Herausgeber der Reihe:
Dr.-Ing. Hermann Determann, Hamburg
Dipl.-Ing. Werner Malmberg, Hamburg

Autor dieses Bandes:
Dipl.-Ing. Hans H. Klein, Gießen

Mit 163 Bildern

Neubearbeitung des in vier Auflagen erschienenen früheren
„Werkstattbuches" 15, Dinnebier, J.: Bohren.

ISBN-13: 978-3-540-06784-9   e-ISBN-13: 978-3-642-80847-0
DOI: 10.1007/978-3-642-80847-0

Library of Congress Cataloging in Publication Data. Klein, Hans Hermann. Bohren. (Fertigung
und Betrieb, Bd. 7) Based on J. Dinnebier's Bohren. Bibliography: p. 1. Drilling and boring machi-
nery. 2. Drilling and boring. I. Dinnebier. Josef. Bohren. II. Title TJ1260. K57 621.9'45 74-11075.

Zu dieser Fachbuchreihe

In den letzten beiden Jahrzehnten hat sich die Fertigungstechnik schnell und vielseitig weiterentwickelt. Moderne Fertigungsverfahren haben entscheidend dazu beigetragen, daß selbst hochwertige Wirtschaftsgüter kostengünstig hergestellt werden können und damit für breite Käuferschichten erreichbar sind.

Die Fachbücher „Fertigung und Betrieb" führen die bis 1973 erschienenen „Werkstattbücher" in neuer, moderner Konzeption fort. Sie tragen der Tatsache Rechnung, daß sich Maschinen, Werkzeuge und Vorrichtungen zu immer leistungsfähigeren und vielfältiger einsetzbaren Bausteinen innerhalb umfassender und anpassungsfähiger Produktionssysteme für wechselnde Losgrößen entwickelt haben.

Die Schwerpunkte der neuen Reihe orientieren sich an den gewandelten Bedürfnissen in Beruf und Studium. Die Darstellungen sind kurzgefaßt, ohne große Vorkenntnisse verständlich und betont praxisnah. Sie enthalten auch stets Hinweise für ein vertiefendes Weiterstudium.

Hamburg, Januar 1975 **H. Determann · W. Malmberg**

Zu diesem Band

Unter den Fertigungsverfahren nimmt die Bohrbearbeitung wegen ihrer Vielseitigkeit und Häufigkeit eine wichtige Stellung ein. Qualitätsbohrungen sind nur wirtschaftlich herzustellen, wenn Bohrverfahren, Maschine und Werkzeug aufeinander und auf die jeweilige Aufgabe abgestimmt sind. Das vorliegende Buch soll bei der Lösung dieses komplexen Problems helfen. Es wird dem Konstrukteur, Arbeitsvorbereiter und Betriebsfachmann die einschlägige berufliche Arbeit erleichtern, denn die umfangreichen Tabellen mit Richtwerten für Schnittbedingungen und für die Ermittlung von Vorgabezeiten sind ausgesprochen praxisorientiert. In der Fachausbildung und beim Studium werden die Ausführungen ebenfalls von großem Nutzen sein.

Gießen, Januar 1975   H. H. Klein

Inhaltsverzeichnis

VIII

Einleitung

Bohren ist ein uraltes Arbeitsverfahren. Schon in der Steinzeit, also
vor Tausenden von Jahren, verstanden es die Menschen, Löcher in
ihre Äxte einzuarbeiten. Aber erst in neuerer Zeit wurde ein wesent-
licher Fortschritt in der Bohrtechnik erreicht, und zwar durch die
Erfindung des Wendelbohrers. Seine serienmäßige Herstellung (erst-
malig 1864 durch Morse in den USA, in Deutschland seit 1891) er-
möglichte es jedem, dieses leistungsfähige Werkzeug zu verwenden.
Heute stehen uns zahlreiche, für die verschiedensten Zwecke geeignete
Wendelbohrertypen zur Verfügung. Daneben sind im Laufe der
letzten Jahrzehnte andere hochwertige Bohrwerkzeuge entwickelt wor-
den, mit denen auch besondere Bohrungsqualitäten zu erzielen sind.
In Zukunft werden zwei neue Faktoren der Automatisierung, die
numerische Maschinensteuerung und die elektronische Datenverarbeitung, Art und Tempo der Fertigung bestimmen. Das setzt voraus,
daß Bohrverfahren, Bohrmaschine und Bohrwerkzeug weitgehend aufeinander abgestimmt sind und erstklassige Schneid- und Hilfsstoffe
eingesetzt werden. Mit dieser neuzeitlichen Bohrtechnik muß sich
jeder vertraut machen, der seine Aufgaben im Betrieb an der Maschine, in der Arbeitsvorbereitung oder bei der Planung mit Erfolg
erfüllen will.

Das vorliegende Buch bringt neben den Grundlagen der Bohrtechnik
Hinweise und Richtwerte für wirtschaftliches Bohren sowie einen
Überblick über die Methoden der Vorgabezeitermittlung.

Seit Juni 1970 ist als internationale Einheit für die Kraft das Newton
(N) gesetzlich eingeführt. Die bisher gültigen Einheiten Kilopond (kp)
bzw. Pond (p) sind nur noch für eine Übergangszeit bis Ende 1977
zugelassen. In den folgenden Ausführungen werden daher bereits
Schnittkräfte in N, Festigkeiten in N/mm², Drehmomente in Nm und
Drücke in bar angegeben. Zum Vergleich der alten und neuen Einheiten nach DIN 1301 diene die folgende Gegenüberstellung:

Kräfte	*Festigkeiten*	*Drehmomente*
1 kp = 9,81 N ≈ 10 N	1 kp/mm² ≈ 10 N/mm²	1 kpm ≈ 10 Nm
100 p = 0,1 kp ≈ 1 N	1 N/mm² ≈ 0,1 kp/mm²	1 Nm ≈ 0,1 kpm

1

Drücke

$$1\ \text{at} = 1\ \text{kp/cm}^2 = 0{,}981\ \text{bar} \approx 1\ \text{bar}$$
$$1\ \text{bar} = 1{,}02\ \text{kp/cm}^2 \approx 1\ \text{kp/cm}^2.$$

Wärmeleitfähigkeit

unter Benutzung der SI-Einheit Joule (J) für die Wärmemenge wird

$$1\,\frac{\text{cal}}{\text{cm s }^\circ\text{C}} = 4{,}1868\,\frac{\text{J}}{\text{cm s }^\circ\text{C}} = 4{,}1868\,\frac{\text{W}}{\text{cm }^\circ\text{C}} = 4{,}1868 \cdot 10^2\,\frac{\text{W}}{\text{m }^\circ\text{C}}$$

$$1\,\frac{\text{W}}{\text{m }^\circ\text{C}} = 0{,}01\,\frac{\text{J}}{\text{cm s }^\circ\text{C}} = 2{,}383 \cdot 10^{-3}\,\frac{\text{cal}}{\text{cm s }^\circ\text{C}}$$

Da die Abweichungen von etwa 2% für technische Zwecke im allgemeinen bedeutungslos sind, wurde allen in diesem Buch vorkommenden Umrechnungen der Faktor 10 bzw. 10^{-1} zugrundegelegt. Genaue Umrechnungstafeln sind enthalten in DIN 66034 ff.

1. Bohrverfahren und Betriebsmittel

Die neuzeitliche Bohrtechnik umfaßt eine Reihe spanender Bohrverfahren, mit denen auf bestimmten Anwendungsgebieten gute Arbeitsergebnisse erreicht werden. Beim Programmieren des Arbeitsablaufs sind folgende Einflußgrößen zu berücksichtigen:
Form, Eigenstabilität, Werkstoff des *Werkstücks* und Losgröße;
Typ, Beanspruchungsgrenzen und Auslegung der *Maschine*;
Art und Leistungsfähigkeit (Schneidstoff) des *Werkzeugs*;
Ausführung und Genauigkeit der *Spannzeuge*;
optimale *Arbeitsgeschwindigkeit* entsprechend der verlangten Bohrungsqualität und Bohrtiefe;
Werkstückstoff und *Schneidstoff*.

1.1. Bohrverfahren (Grundbegriffe und Anwendungsgebiete)

Die wichtigsten spanenden Bohrverfahren sind (in Klammern die entsprechenden englischen Fachausdrücke):
Bohren ins Volle mit Wendelbohrern (drilling);
Aufbohren mit Drei- oder Vierlippenbohrern (boring);
Senken von Auflage- und Formflächen (facing, countersinking);
Reiben von Passungsbohrungen (reaming);
Tiefbohren mit Einlippenbohrern (gun drilling);
Vollbohren (solid boring), Kernbohren (trepanning) und Aufbohren (counterboring) mit Bohrköpfen;
Auf- und Feinbohren (boring, fine boring) mit Bohrmeißeln oder -messern in Bohrstangen.

1.1.1. Bohren ins Volle [1]. Hierzu werden überwiegend Wendelbohrer verwendet. Sie sind einfach zu handhaben und preisgünstig.
a) *Wirkungsweise*[1] (Bild 1.1). Der in die Maschinenspindel eingesetzte

---

[1] Beim Bohren auf Drehmaschinen Bewegungsverhältnisse umgekehrt (umlaufendes Werkstück).

Bohrer (Durchmesser d) läuft um seine Achse (Drehzahl n); zugleich schiebt er sich axial vorwärts (Vorschub s). Seine beiden Schneidenecken bewegen sich hierbei auf einer doppelgängigen Schraubenlinie, die auf der Bohrungsoberfläche mehr oder weniger zu erkennen ist.

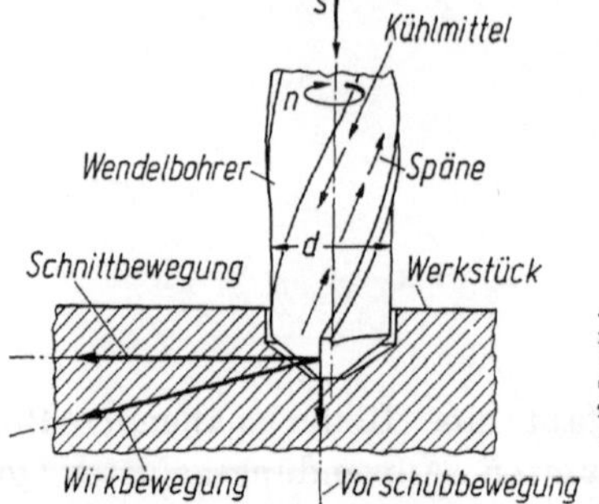

Bild 1.1. Wirkungsweise eines Wendelbohrers (vgl. DIN 6580).
d Bohrerdurchmesser,
n Drehzahl,
s Vorschub.

Die abgetrennten Bohrspäne werden durch die Drallnuten (wie von einer Förderschnecke) nach außen abgeführt. Soweit Kühlschmierung erforderlich, ist die Schneidflüssigkeit der Bohrstelle gezielt zuzuleiten, bei tieferen Bohrungen und beim Waagerechtbohren gegebenenfalls durch Innenkanäle des Bohrers.

b) *Ablauf des dynamischen Bohrvorganges* [2]. Man kann ihn deutlich an Schaubildern der beim Bohren auftretenden Vorschubkräfte und Drehmomente (Bild 1.2) erkennen, und zwar die drei Abschnitte: Anbohren, Vollbohren, Durchbohren.

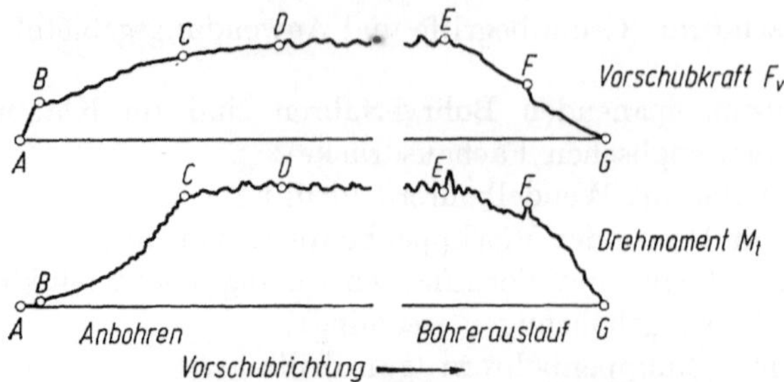

Bild 1.2. Bohrschaubilder zeigen den Schnittkräfteverlauf beim Bohren mit Wendelbohrer ($A-C$ Anbohren, $C-E$ Bohrer voll im Schnitt, $E-G$ Bohrerauslauf nach Durchgang).

Beim Anbohren (Phase $A-C$) setzt die Bohrerspitze zunächst mit der Querschneide auf. Das Werkstück wird nach unten gedrückt, gleichzeitig federn Bohrspindel und Maschinengestell auf (Phase $A-B$), hierbei Ansteigen der Vorschubkraft F_v. Das Drehmoment M_t nimmt erst zu, wenn die Querschneide in den Werkstoff eingedrungen ist und die Hauptschneiden spanen (Phase $B-C$).

Sobald der Bohrer voll im Schnitt steht (Punkt C), beginnt die zweite Phase ($C-E$) des Arbeitsablaufs. Der Spanungsquerschnitt ändert sich dann nicht mehr. Die Schnittkräfte steigen trotzdem infolge größerer Fasen- und Spanreibung noch an, aber nur wenig (Phase $C-D$). Erst mit weiter zunehmender Bohrtiefe machen sich erhöhte Kräfteschwankungen bemerkbar, die in erster Linie auf gehemmte Spanabfuhr zurückzuführen sind (Phase $D-E$). Bei großen Bohrtiefen ist deshalb der Wendelbohrer zum Ausspanen gegebenenfalls wiederholt auszuheben.

Für Durchgangslöcher folgt noch eine dritte Phase ($E-G$). Sie ist mit besonderer Schneidenbeanspruchung verbunden. Es handelt sich um den Durchgang der Bohrerspitze durch die Unterseite des Werkstücks. Die Querschneide des Bohrers ist nicht mehr abgestützt. Infolgedessen löst sich die beim Anbohren entstandene Vorspannung des Systems Maschine—Werkzeug—Werkstück aus. Die Vorschubkraft steigt wiederholt für kurze Zeit ruckartig an, dementsprechend auch das Drehmoment (Phase $E-F$). Das führt oft zum Einhaken der Hauptschneiden. Sie können so bei unstabiler Spannung leicht beschädigt werden. Beim Zerspanen des Restspanquerschnittes (Phase $F-G$) fallen die Schnittkräfte schließlich schnell ab.

c) *Bohrungsqualität* [3, 4]. Wendelbohrer sind überwiegend Schruppwerkzeuge. Die mit ihnen erreichbaren Maß- und Formgenauigkeiten und Oberflächengüten sind begrenzt. Sie liegen im allgemeinen innerhalb der ISO-Toleranzgrenzen IT 11 und IT 12.

Gründe: Die Bohrerschneiden sind durch verhältnismäßig schmale Fasen geführt, die mit zunehmender Abnutzung ihre Aufgabe immer weniger erfüllen. Auch der Schlag der Bohrspindel und des Bohrers, einseitiger oder unsymmetrischer Spitzenanschliff, Aufbauschneiden, Verlaufen der Spitze beim Anbohren und ähnliche Mängel wirken sich schädlich aus. So entstehen Rundformfehler und andere Formabweichungen der Bohrung (Bild 1.3), vor allem beim Bohren von

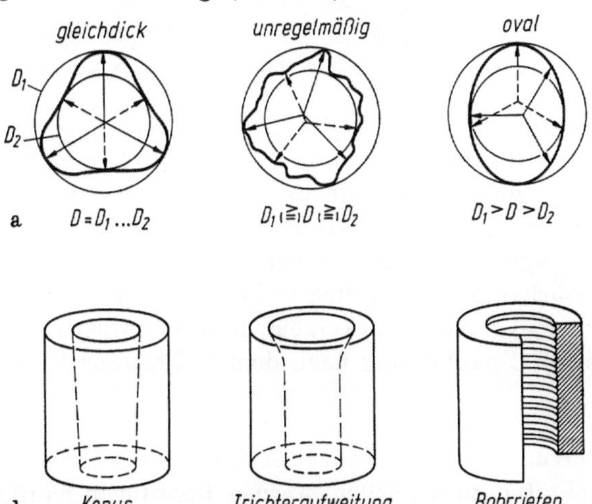

Bild 1.3. Fehlerhafte Bohrungen. a) Maßfehler, gemessen mit 3-Punkt-Schraublehre; b) Formfehler.

weichen Stählen sowie NE- und Leichtmetallen. Durch Führen des Bohrers z. B. in Bohrbuchse und kurzes Spannen kann die Bohrgenauigkeit verbessert werden [5]. Das gilt auch für die Übermaße der Bohrungen (Bild 1.4).

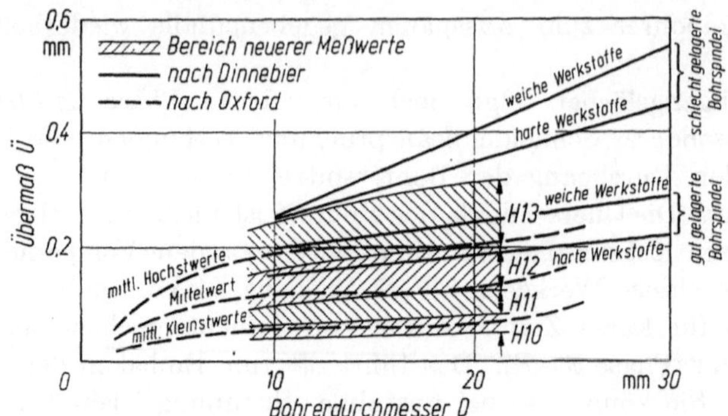

Bild 1.4. Bohrungsübermaße $\ddot{U}$ abhängig vom Bohrerdurchmesser (gestrichelte Linien nach neueren Untersuchungen).

Bei größeren Bohrungen begrenzen die Schnittkräfte die erreichbare Genauigkeit, z. B. wenn sich die Maschine aufbäumt (Bild 1.5). In solchen Fällen ist es erforderlich, den Spanungsquerschnitt durch Vor- und Aufbohren zu unterteilen.

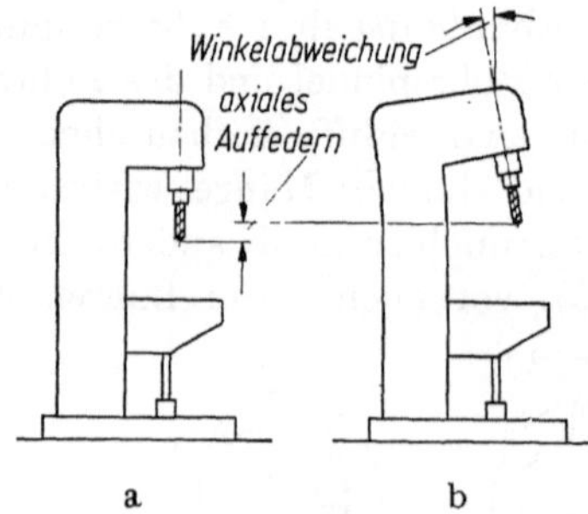

Bild 1.5. Aufbäumen der Bohrmaschine.
a) ohne Belastung;
b) unter Einfluß der Axialkraft.

Kleinstbohrungen (unter 1 mm ⌀) erfordern besondere Maßnahmen [6]. Hierzu gehören: genau rundlaufende Werkzeuge (oft mit verstärktem Schaft), schwingungsfrei gelagerte Bohrspindel, verhältnismäßig niedrige Drehzahl (vgl. Tabelle 2.8), vorsichtiger gleichmäßiger Vorschub. Bei schwer bohrbaren Werkstoffen (z. B. rostbeständigen Stählen und Nickellegierungen) ist es zweckmäßig, in schallisolierten Räumen zu arbeiten, um die Spanbildung nach dem Bohrgeräusch beurteilen zu können [7].

1.1.2. Aufbohren. Um die Bohrmaschine zu entlasten oder höhere Bohrungsqualitäten zu erreichen, werden Bohrungen häufig zunächst mit Wendelbohrern vorgebohrt und anschließend mit Drei- oder Vierlippenbohrern aufgebohrt. In gleicher Weise kann man vorgegossene und gestanzte Löcher durch Aufbohren maßgerecht fertigstellen. Es liegt nahe, auch für diese Bohrarbeit Wendelbohrer zu verwenden. Das ist nicht zu empfehlen. Die beiden Bohrerschneiden sind dann nämlich nicht mehr durch die Querschneide abgestützt. Ergebnis: Einhaken, Flattern oder Rattern der Schneiden und damit unsaubere, nicht maßhaltige Bohrungen.

Wesentlich ruhiger und sauberer arbeiten drei- oder vierschneidige Aufbohrwerkzeuge, z. B. Wendelsenker (Bild 1.6) und Aufstecksenker,

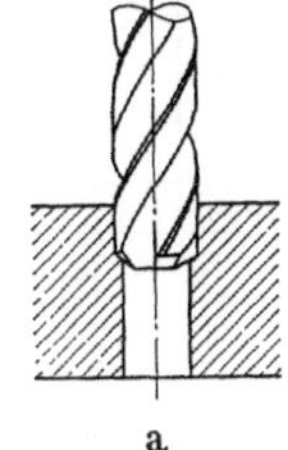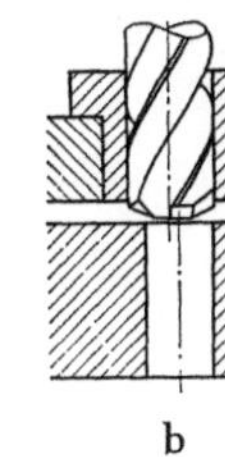

Bild 1.6.   Aufbohren mit Wendelsenker.
a) ohne Bohrbuchse;
b) bei Mittenversatz mit Bohrbuchse.

die sich gut abstützen. Erreichbare Bohrungsqualitäten IT 10 bis IT 11 (Rauhtiefen 10 bis 25 μm). Allerdings folgen auch diese Werkzeuge dem Verlauf der Vorbohrung. Vorhandene Fluchtungsfehler lassen sich nicht oder — selbst mit Führungsbuchsen — nur begrenzt beseitigen. Höhere Genauigkeiten beim Auf- oder Feinbohren mit Bohrstangen (vgl. Abschnitt 1.1.7).

1.1.3. Senken.   Auch beim Senken kommt es darauf an, möglichst glatte und riefenfreie Stirnflächen zu erreichen. Es muß meist — gegenüber dem Aufbohren mit Drei- oder Vierlippenbohrern — etwas behutsamer gearbeitet werden, d. h. mit kleinerem Vorschub und nicht zu hoher Drehzahl. Sonst besteht die Gefahr, daß die Werkzeugschneiden einhaken oder durch Schwingungen rasch zerstört werden. Das gilt beim Anflächen von Naben und Herstellen anderer Auflageflächen für Unterlegscheiben, Federringe, Dichtungen u. ä. (Bild 1.7a)

Bild 1.7. Senkarbeiten.
a) Naben und Auflageflächen; b) Einsenkungen für Schraubenköpfe.

ebenso wie beim Einsenken von Aussparungen für Schraubenköpfe und von anderen Formflächen (Bild 1.7b). Erreichbare Qualität: etwa IT 8···IT 10.

1.1.4. Reiben.   Reiben ist ein verfeinertes Aufbohrverfahren. Anders als beim Feinbohren z. B. mit Bohrmeißel kann man mit Reibahlen jede gewünschte Passung ohne Maßeinstellen herstellen. Dementsprechend sind auch die Fertigungstoleranzen der Reibahlen (DIN 1420) bestimmten Toleranzfeldern der zu reibenden Bohrung zugeordnet (Bild 1.8). Entscheidend für einwandfreie Bohrungsqualität sind geeignete Anschnittformen, angemessene Reibzugabe, richtige Schneidengeometrie und optimale Schnittbedingungen.

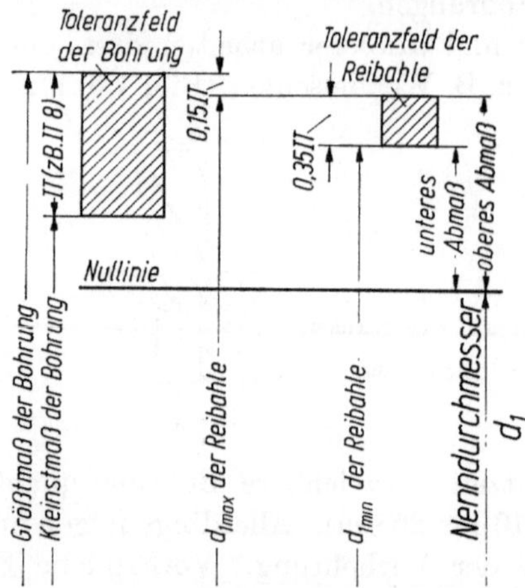

Bild 1.8. Lage des Toleranzfeldes der Reibahle im Vergleich zur Bohrung.

Beispiel für die handelsübliche Reibahlenpassung H 7:
Reibahle 10 H 7, Nenndurchmesser 10,000 mm
Größtmaße: Bohrung 10,015 mm, Reibahle 10,012 mm,
Kleinstmaße: Bohrung 10,000 mm, Reibahle 10,006 mm.

Spanungsdicke und -querschnitt werden durch die Form des Reibahlenanschnitts und die Reibzugabe $2a$ (Tabelle 1.1) bestimmt. Am einfachsten ist ein kurzer Anschnitt mit Anschnittwinkel $\varkappa = 45°$ (Bild 1.9a) für Maschinenreibahlen zum Reiben von Stahl und zähen Nichteisenmetallen. Für kurzspanende Werkstoffe (Gußeisen, Messing) ist ein Doppelanschnitt mit Anschnittwinkel 45°/15° (Bild 1.9b)

Tabelle 1.1. Reibzugabe $2a$ (Untermaße der vorgearbeiteten Bohrung in mm)

Werkstoff	Durchmesser der Fertigbohrung in mm						
	bis 4	10	16	25	40	63	100
Stahl und harter Grauguß	bis 0,12	0,2	0,25	0,36	0,45	0,6	0,7
weicher Grauguß, Kupfer, Leichtmetalle	bis 0,15	0,3	0,4	0,5	0,6	0,8	1,0

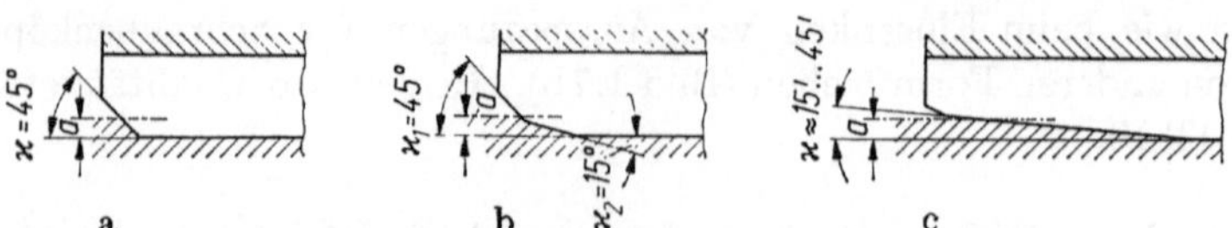

Bild 1.9. Formen des Reibahlenanschnitts. a) kurzer Anschnitt (Anschnittwinkel $\varkappa$ 45°); b) Doppelanschnitt ($\varkappa_1$ 45°, $\varkappa_2$ 15°); c) langer Anschnitt ($\varkappa$ 15'···45').

vorteilhafter. Durch den hinteren flachen Anschnitteil wird eine bessere
Oberflächengüte bewirkt. Hierbei ist darauf zu achten, daß die se-
kundäre Schneidenecke S innerhalb des Reibaufmaßes a liegt. Besonders lange Anschnitte (Anschnittwinkel 15′···45′, Bild 1.9c) sind nur
für Handreibahlen erforderlich, um diese beim Anschneiden gut zu
führen. Weitere Hinweise für Schneidengeometrie und Schnittbedingungen sind in den Abschnitten 1.2.5 und 2.3.5 gegeben.

1.1.5. Tief- und Feinbohren mit Einlippenbohrern [8, 9]. Auch durch
die Tiefe (Länge) der Bohrung ist die Anwendung der Wendelbohrer
begrenzt. Bohrtiefen bis zu 4···5 d (Bohrerdurchmesser) machen in
der Regel keine Schwierigkeiten. Bei größeren Tiefen wird es erforderlich, den Bohrer in regelmäßigen Abständen zum Ausspanen auszuheben (Bild 1.10); normale Wendelbohrer häufiger als ausgesprochene
Tiefloch-Wendelbohrer (besonders stabile Sondertypen). Aber auch
so kommt man nur bis zu einer bestimmten Maximaltiefe, da sonst der
Fluchtungsfehler der Bohrung zu groß wird. Mit Einlippenbohrern
(Kanonenbohrern) erhält man extrem lange bzw. tiefe Bohrungen sowie

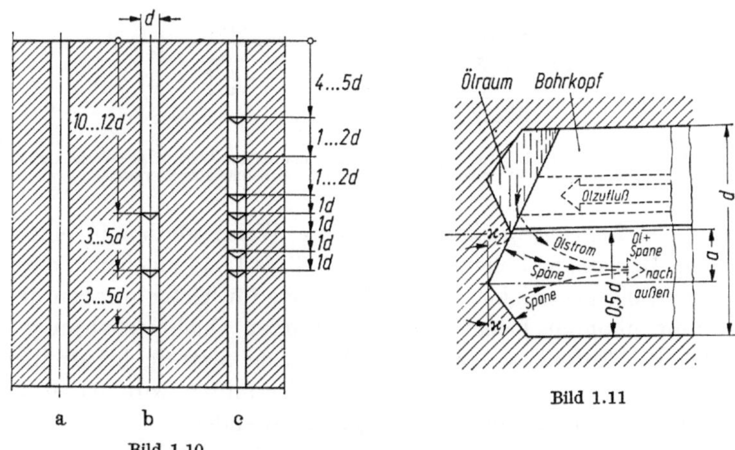

Bild 1.10

Bild 1.10. Ausspanhäufigkeit beim Tiefbohren.   a) Einlippen-Tieflochbohrer (kein Ausspanen);
b) Tiefloch-Wendelbohrer (Ausspanen selten); c) Wendelbohrer Typ N (häufiges Ausspanen).

Bild 1.11. Bohrprinzip des Einlippen-Tieflochbohrers. Bohrerspitze liegt um Betrag a außer Mitte;
Ölzufuhr durch Rohrschaft und anschließende Bohrung; Abfluß von Öl und Spänen durch V-Nute.

kürzere Bohrungen von hoher Qualität und mit besonderer Fluchtungsgenauigkeit. Sie arbeiten nach einem ganz anderen Bohrprinzip.
a) *Bohrprinzip*. Die Hauptschneide der Einlippenbohrer ist geknickt,
ihre Spitze liegt außer Mitte (Bild 1.11). Beim Bohren bleibt infolgedessen in der Bohrungsmitte eine Spitze stehen, die den am Umfang
geführten Bohrer zusätzlich zentriert. Die Schneidflüssigkeit wird
unter hohem Druck der Schneide unmittelbar zugeführt und zwar
durch den hohlen Werkzeugschaft und eine anschließende Bohrung.
Durch die V-förmige Nute fließen die Späne zusammen mit der Schneid-

flüssigkeit stetig nach außen ab. Seitliche Komponenten der Schnittkraft werden von den Führungsleisten auf die Bohrungswandung übertragen, die hierdurch geglättet wird.

Es kann mit umlaufendem Werkstück und stillstehendem Werkzeug (Bild 1.12a) oder umgekehrt (Bild 1.12b) gearbeitet werden. Voraussetzung für gutes Fluchten: Werkzeugkopf beim Anbohren in Bohrbuchse führen oder Werkstück vorher genau zentrieren und etwa 1 d tief auf genauen Durchmesser vorbohren. Spanstauungen sind durch geeignete Schneidengeometrie (kurzbrüchige Spanform) und ausreichenden Kühlmitteldruck zu vermeiden.

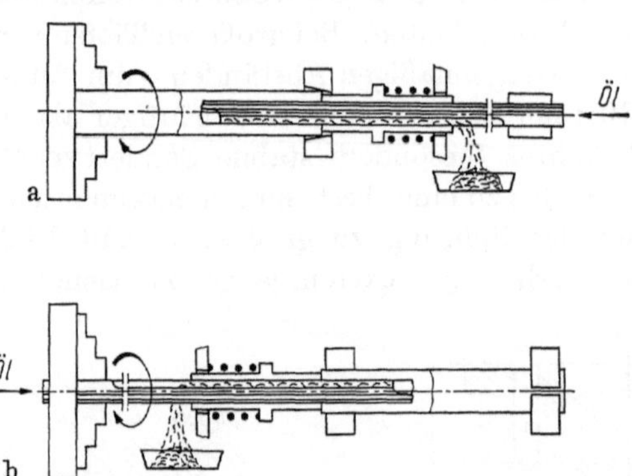

Bild 1.12. Tiefbohrverfahren mit äußerer Späneabfuhr. a) umlaufendes Werkstück (Werkzeug hat nur Vorschubbewegung); b) umlaufendes Werkzeug — stillstehendes Werkstück.

b) *Erreichbare Bohrungsqualität.* Auf diese Weise werden in einem Arbeitsgang Bohrungen hoher Qualität (IT 6 bis IT 9) mit bemerkenswerter Fluchtungsgenauigkeit hergestellt. Das für Tiefbohrungen übliche Einlippenbohren bringt auch bei kurzen Qualitätsbohrungen wirtschaftliche Vorteile, zumal jedes Werkzeug zwanzig bis dreißig mal nachgeschliffen werden kann. Dieses Verfahren wird daher in letzter Zeit auch hierfür immer häufiger angewendet.

1.1.6. Tiefbohren mit Bohrköpfen nach dem BTA-Verfahren [19, 74]. Bei den bisher beschriebenen Verfahren werden die Bohrspäne an der Bohrungswand entlang (meist zusammen mit der zurückströmenden Schneidflüssigkeit) nach außen abgeführt. Hierbei ist es nicht zu vermeiden, daß sich gelegentlich Späne in den Nuten oder an den Führungsleisten festsetzen und die fertige Bohrung zerkratzen. Dieser Mangel kann bei den Bohrverfahren der BTA (Boring and Trepanning Association) nicht auftreten, denn die Strömungsrichtung ist hierbei umgekehrt (Bild 1.13). Frische Schneidflüssigkeit fließt ständig durch den Ringspalt zwischen Bohrungswand und Rohrschaft zur Schneide. Die Späne kommen also mit der fertigen Oberfläche überhaupt nicht in Berührung. Vielmehr gelangen sie durch das Spanmaul des Bohr-

10

kopfes zusammen mit dem erwärmten Kühlschmiermittel in das Innere
des Werkzeugs und von dort durch den Rohrschaft nach außen (zentrale Spanrückführung). Besonders hochwertige Oberflächen und

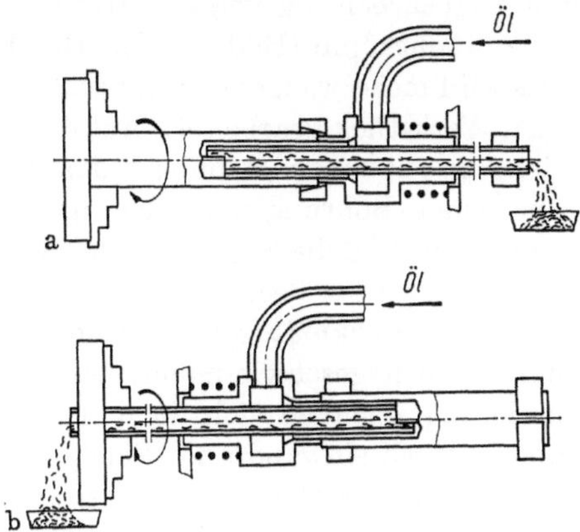

Bild 1.13. BTA-Tiefbohrverfahren mit innerer Späneabfuhr. a) umlaufendes Werkstück (überwiegend beim Waagerechtbohren); b) umlaufendes Werkzeug (bevorzugt beim Senkrechtbohren).

gleichmäßig gute Spanleistungen bei Bohrtiefen bis zu 100 d sind daher die Vorteile dieser Bohrverfahren. Je nach Anwendungsbereich
unterscheidet man: Vollbohren, Kernbohren und Aufbohren.
a) *Vollbohren* (Bild 1.14a). Mit Einlippen-Bohrrohren (6···20 mm ∅)
und Vollbohrköpfen (20···50 mm ∅) wird der volle Querschnitt der
Bohrung mit einem Schnitt zerspant. Zugleich bewirken die Schnittkräfte, daß die Führungsleisten des Werkzeugs die Bohrungsoberfläche
verdichten und glätten.

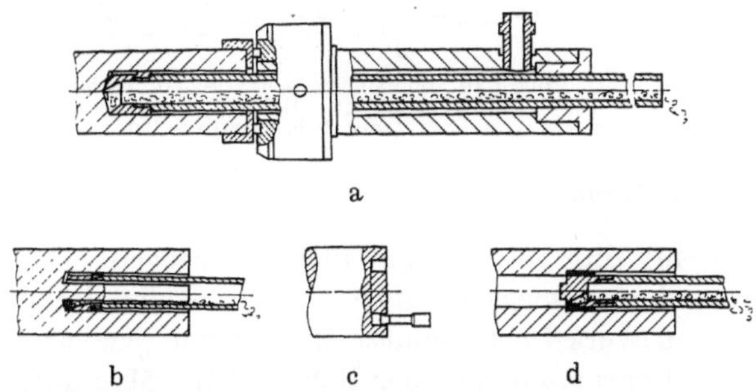

Bild 1.14. Schema der verschiedenen BTA-Verfahren. a) Vollbohren; b) Kernbohren;
c) Voreinstechen (zum Kernbohren) mit Drehmeißel; d) Aufbohren.

b) *Kernbohren* (*Hohlbohren*). Für große Tiefbohrungen (über 50 bis
etwa 350 mm ∅) verwendet man Kernbohrköpfe (Bild 1.14b). Beim
Arbeiten mit diesen wird nur ein ringförmiger Teil des Werkstoffs
zerspant. In der Bohrungsmitte bleibt ein Kern stehen, der für die
Herstellung anderer Teile verwertet werden kann. Erforderlich ist
Vorbohren mit Einstechmeißel (Bild 1.14c). Da sich der Kern nur

mit Hilfe zusätzlicher Einrichtungen, z. B. eines besonderen Einstechwerkzeuges entfernen läßt, wählt man dieses Bohrverfahren vorwiegend für durchgehende Bohrungen.

c) *Aufbohren.* Zur Fertigbearbeitung vorgebohrter oder vorgeformter tiefer Löcher dienen Aufbohrköpfe (Bild 1.14d). Durchmesserbereich etwa 30···750 mm. Es wird meist waagerecht mit stillstehendem Werkzeug und umlaufenden Werkstück gearbeitet. Auf diese Weise werden Formfehler vermieden, die entstehen, wenn sich das Werkzeug durchbiegen kann. Durchgehende Bohrungen werden an einer Seite abgedichtet. So können in jedem Fall die Späne von der Schneidflüssigkeit durch den Rohrschaft nach hinten herausgespült werden.

d) *Bohrungsqualität.* Bei zweckmäßiger Schneidengeometrie (Abschnitt 1.2.7), optimaler Arbeitsgeschwindigkeit (Abschnitt 2.3.7) und reichlicher Kühlschmierung zeichnen sich die mit BTA-Werkzeugen hergestellten Bohrungen durch einwandfreies Fluchten, besondere Genauigkeit und hervorragende Oberflächengüte aus (vgl. Tabelle 1.2).

1.1.7. Auf- und Feinbohren mit Bohrmeißeln in Bohrstangen. Kleine Bohrungen (etwa 4···20 mm ∅) können mit einfachen Bohrmeißeln oder mit verstellbaren Ausdrehköpfen (Bild 1.15) gerade und gut fluchtend aufgebohrt werden. Zum Aufbohren größerer Löcher nimmt man Bohrstangen (Bild 1.16) mit eingesetzten Bohrmeißeln oder mit aufgesetzten Bohrköpfen. Die Stangen sollen möglichst dick sein, da-

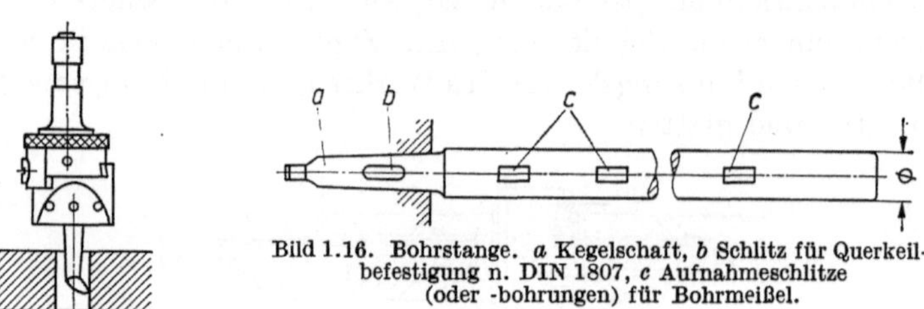

Bild 1.15. Aufbohren mit verstellbarem Ausdrehkopf (Röhm).

Bild 1.16. Bohrstange. *a* Kegelschaft, *b* Schlitz für Querkeilbefestigung n. DIN 1807, *c* Aufnahmeschlitze (oder -bohrungen) für Bohrmeißel.

mit sie sich wenig durchbiegen und nicht schwingen. Feststehende Bohrstangen werden vorwiegend auf Dreh- und Revolverdrehmaschinen (bei umlaufendem Werkstück) benutzt, umlaufende (bei feststehendem Werkstück) auf Bohrmaschinen oder Bohrwerken. Man unterscheidet ferner freitragende und geführte Bohrstangen.

Freitragende (fliegende) Bohrstangen (Bild 1.17) eignen sich vorzugsweise für kleine Spanungsquerschnitte und zum Schlichten und Feinbohren mit einseitig schneidendem Bohrmeißel. Größere Vorschübe lassen sich mit doppelseitig schneidenden Bohrmessern erreichen, bei denen sich die Radialkräfte ausgleichen. Trotzdem können Formfehler in der Bohrung auftreten, z. B. bei unregelmäßigem Werkstoff und veränderlichem Spanungsquerschnitt. In solchen Fällen ist es zweck-

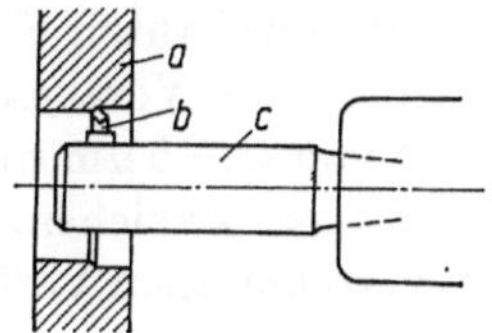
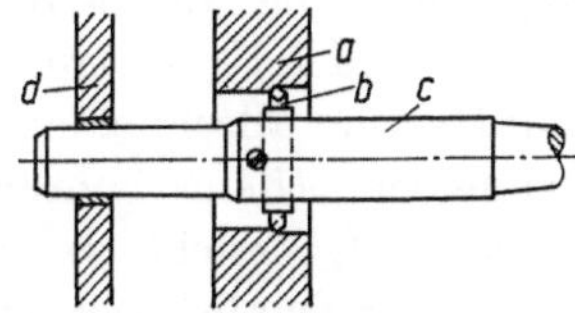

Bild 1.17   Bild 1.18

Bild 1.17. Kurze freitragende Bohrstange mit einseitig schneidendem Meißel. *a* Werkstück, *b* Bohrmeißel, *c* Bohrstange.

Bild 1.18. Führungsbohrstange mit doppelseitig schneidendem Bohrmeißel (Bohrmesser). *a* Werkstück, *b* Bohrmeißel, *c* Bohrstange, *d* Führungsplatte mit Buchse.

mäßig, die *Bohrstange* in Buchse oder Stützlager zu *führen* (Bild 1.18). Das ist besonders wichtig, wenn außermittig vorgebohrte Löcher zentrisch auszubohren sind oder mehrere hintereinander liegende Bohrungen genau fluchten sollen.

Beim Feinbohren sind zusätzliche Maßnahmen für starre Lagerung der Bohrstange (z. B. durch aufgeschrumpften Stahlflansch) und

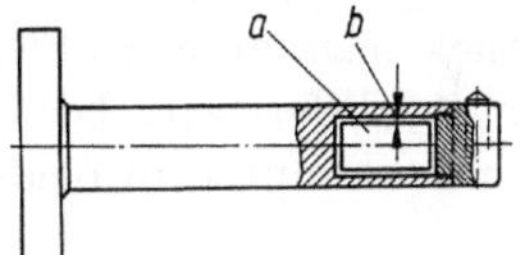

Bild 1.19. Feinbohrstange mit Flansch und Schwingungsdämpfer. Massiver Pfropfen *a* drückt bei Schwingungen die Luft durch Ringspalt *b* von der einen Seite auf die andere. Hierdurch wird Schwingungsenergie aufgezehrt.

Tabelle 1.2. Bohrungsqualitäten bei verschiedenen Bohrverfahren

Bohrverfahren	erreichbare Bohrungsqualität	
	ISO-Toleranz IT	Rauhtiefe R_t µm
Vollbohren mit Wendelbohrer	11···12	25···100
Aufbohren mit Wendelsenkern	10···11	10···25
Senken mit Flach- und Formsenkern	8···10	6···16
Reiben	6···9	1,6···10
Einlippenbohren	6···9	1,6···6
BTA-Verfahren		
Vollbohren	6···9	2,5···10
Kernbohren	8···10	4···16
Aufbohren	6···9	2,5···6
Aufbohren mit Bohrstange	6···9	4···10
Feinbohren mit HM-Schneide	6···9	2,5···6
Diamant-Schneide	5···8	1 ···2,5

Die erreichbare Bohrungstoleranz ist abhängig von Werkstoff, Werkzeugsteifigkeit sowie Art, Druck und Menge des Kühlschmiermittels. Bei größeren Bohrungen wird der Traganteil der Oberfläche nicht nur durch die Rauhtiefe, sondern auch durch das Oberflächenprofil bestimmt.

13

Schwingungsdämpfung (durch Auswuchten und eingebauten Schwingungsdämpfer, Bild 1.19) zu treffen [10]. Unter diesen Voraussetzungen sind mit Hartmetallschneiden Rauhtiefen R_t von 2,5···6 μm und mit Diamantschneiden (Feinstbohren) 1···2,5 μm zu erreichen. Tabelle 1.2 gibt eine Übersicht über die mit den verschiedenen Verfahren sicher erreichbaren Qualitätsgrenzen.

1.2. Bohrwerkzeuge

1.2.1. Spitzbohrer. Die Urform des zweischneidigen Bohrers ist der Spitzbohrer. Infolge seiner ungünstigen Schnittwinkel und schlechten Spanförderung tritt er immer mehr in den Hintergrund. Da aber ähnliche Schneidprobleme z. T. auch bei neuzeitlichen Bohrwerkzeugen (z. B. an der Querschneide des Wendelbohrers) auftreten, soll er hier kurz beschrieben werden.

Der Spitzbohrer bestand ursprünglich aus einem flachgeschmiedeten Stück härtbaren Stahls, das unter einem bestimmten Spitzenwinkel angeschliffen war. Die beiderseitig dachförmig abgeschrägten Schneidkanten konnten in beiden Drehrichtungen arbeiten, z. B. bei Antrieb

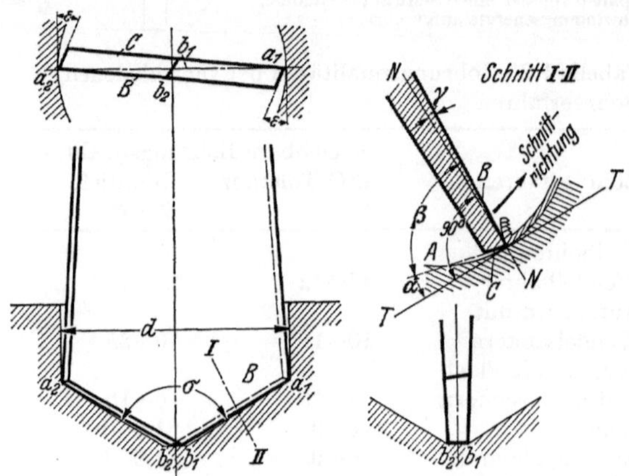

Bild 1.20. Konstruktion eines rechtsschneidenden Spitzbohrers. d Bohrerdurchmesser, a_1-b_1 und a_2-b_2 Schneidkanten, b_1-b_2 Querschneide, A Schnittfläche, B Spanfläche, C Freifläche, $N-N$ Normale der Schnittfläche, $T-T$ Tangente der Schnittfläche, α Freiwinkel, β Keilwinkel, γ Spanwinkel, σ Spitzenwinkel.

mit Hilfe des sog. Fiedelbogens. Bei dieser Anschliffart ergeben sich jedoch sehr stumpfe Keilwinkel und die Schneidkanten schaben mehr als daß sie schneiden. Selbst wenn der Spitzbohrer nur für eine bestimmte Schnittrichtung angeschliffen wird (Bild 1.20), bleibt sein Keilwinkel sehr groß. Die Spanflächen der Schneiden sind jedenfalls nach vorn geneigt (d. h. negativer Spanwinkel). Die Späne werden infolgedessen stark gestaucht.

Weiche und zähharte Werkstoffe lassen sich so nur schwer bohren. Abhilfe ist möglich durch Einschleifen von Hohlkehlen längs der Schneid-

14

kanten oder Spanunterteilung mit zusätzlichen Spanbrechernuten (Bilder 1.21 und 1.22). In dieser Ausführung werden Spitzbohrer auch heute noch für flache Löcher bzw. harte, spröde Werkstoffe verwendet, bei großen Durchmessern vorteilhaft in zweiteiliger Ausführung als Halter mit auswechselbarem Bohrmesser; in abgewandelter Form (Bild 1.23) auch für Formbohrungen und Bohrungen mit flachem Grund (hierfür Spitzenwinkel 180° und kurze Zentrumspitze, Bild 1.24). Im allgemeinen hat aber der Wendelbohrer mit seinen mannigfaltigen Formen und Ausführungen den Spitzbohrer weitgehend verdrängt.

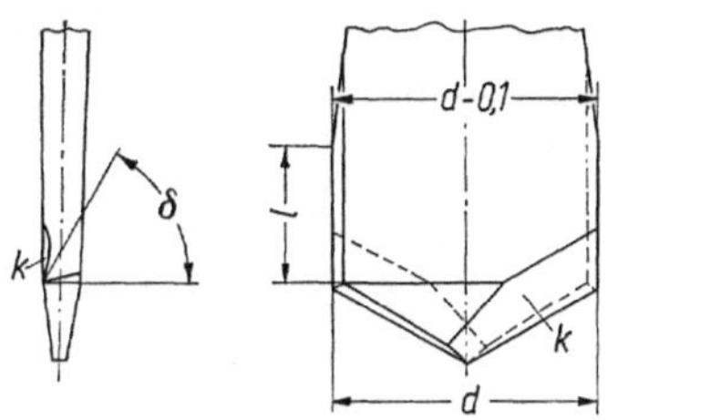

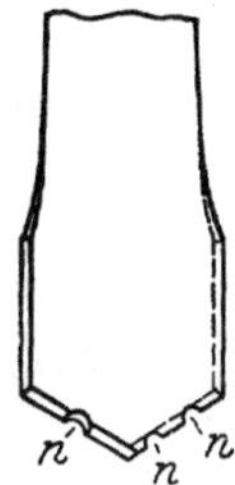

Bild 1.21. Spitzbohrer mit Hohlkehle k ($\delta < 90°$).   Bild 1.22. Spitzbohrer mit Spanbrechernuten n

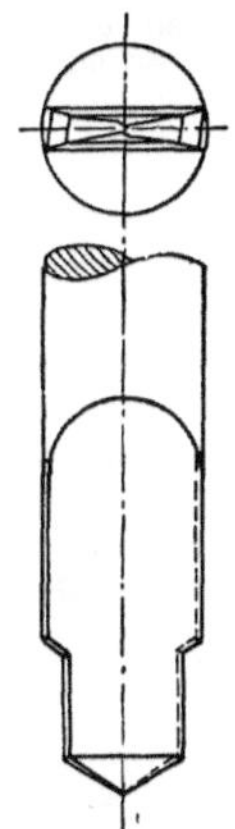

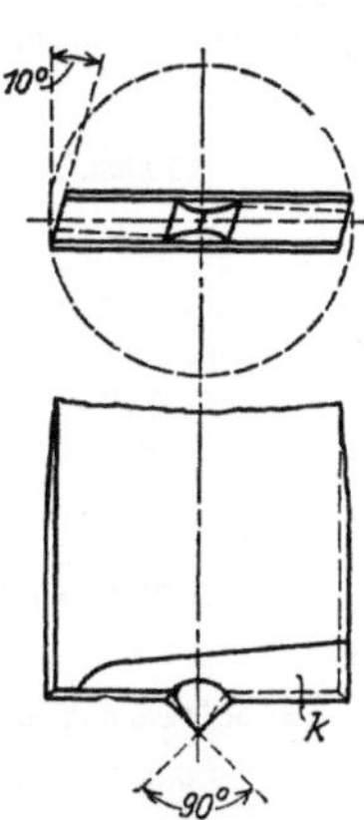

Bild 1.23. Stufenspitzbohrer.   Bild 1.24. Spitzbohrer mit Zentrumspitze und Hohlkehle k (für flache Grundbohrungen).

1.2.2. Wendelbohrer. Die Wendelbohrer (früher Spiralbohrer[1] genannt) gehören wegen ihrer einfachen Handhabung und schnellen, universellen Beschaffungsmöglichkeit nach wie vor zu den wichtigsten Bohr-

---

[1] Die Bezeichnung „Spiralbohrer" ist handelsüblich und augenblicklich noch genormt. Sie ist falsch, denn bei einer Spirale ändert sich stetig der Krümmungshalbmesser, beim Bohrer aber nicht. Das richtige Wort „Wendelbohrer" (vgl. Wendeltreppe) hat sich inzwischen im Schrifttum immer mehr eingeführt und wird in Kürze auch in die Normung eingehen.

werkzeugen (handelsübliche Durchmesser 0,1···100 mm). Ihre wesentlichen Vorteile sind:
günstige Spanwinkel, die sich beim Nachschleifen nicht ändern;
gleichbleibender Durchmesser bis zur vollen Ausnutzung des Bohrers;
zuverlässige Führung durch die Fasen der Nebenfreiflächen;
zügige Spanabfuhr durch schraubenförmige Nuten;
reichhaltige Typenauswahl für die verschiedensten Verwendungszwecke (Werkstoffe, Bohrtiefen, u. a. m.).
Durch die Normung der Grundbegriffe (DIN 1412) und aller wichtigen Bau-, Anschluß- und Funktionsmaße (DIN 1414) ist die Werkzeughaltung wesentlich erleichtert.
a) Die *Schneidengeometrie* des Wendelbohrers (im Vergleich zum Drehmeißel) zeigt Bild 1.25. Die Hauptschneiden liegen unter dem Nei-

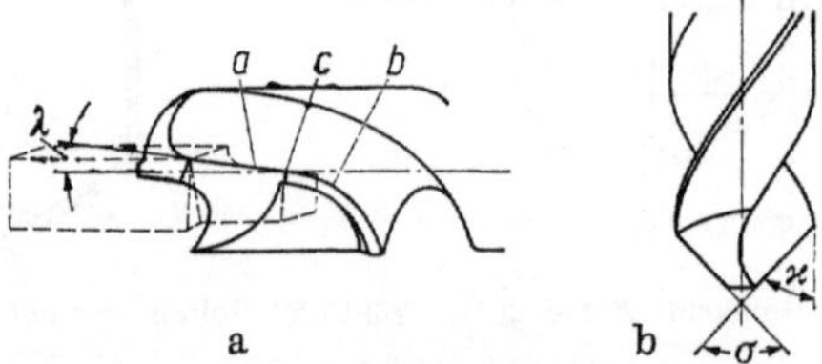

Bild 1.25. Schneidengeometrie eines Wendelbohrers (Vergleiche mit Drehmeißel). *a* Hauptschneide, *b* Nebenschneide, *c* Schneidenecke; σ Spitzenwinkel, ϰ Anstellwinkel.

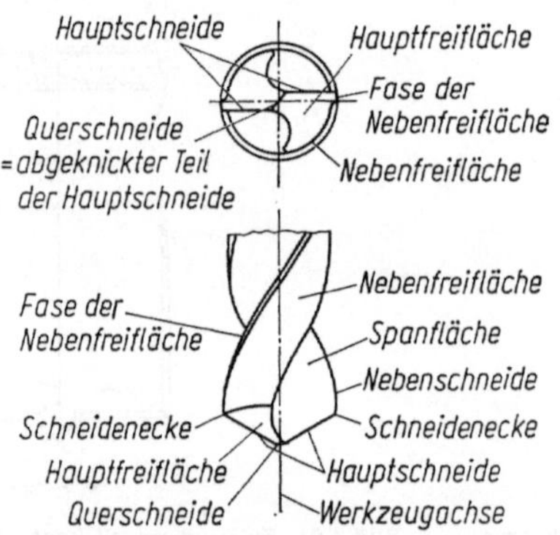

Bild 1.26. Flächen und Schneiden des Wendelbohrers (Begriffe nach DIN 6581).

gungswinkel λ (vgl. DIN 6581). An den Schneidenecken beginnen die Nebenschneiden, die von den Fasen der Nebenfreiflächen gebildet werden. Der Einstellwinkel $\varkappa$ ergibt sich aus dem Spitzenwinkel σ zu $\varkappa = \sigma/2$. Weitere Begriffe sind in Bild 1.26 erläutert. Zu den Hauptschneiden gehören die Hauptfreiflächen (Schneidenrücken), zu den Nebenschneiden die Nebenfreiflächen (Umflächen). Die in der Bohrermitte beide Hauptschneiden verbindende Querschneide stellt einen abgeknickten Teil der Hauptschneiden dar.

b) *Baumaße.* Für die Beschaffung wichtige Bau- und Konstruktionsmaße enthalten die Bilder 1.27 und 1.28. Durch ausreichende Kerndicke (Richtwerte in Tabelle 1.3) und gegebenenfalls zusätzliche Kern-

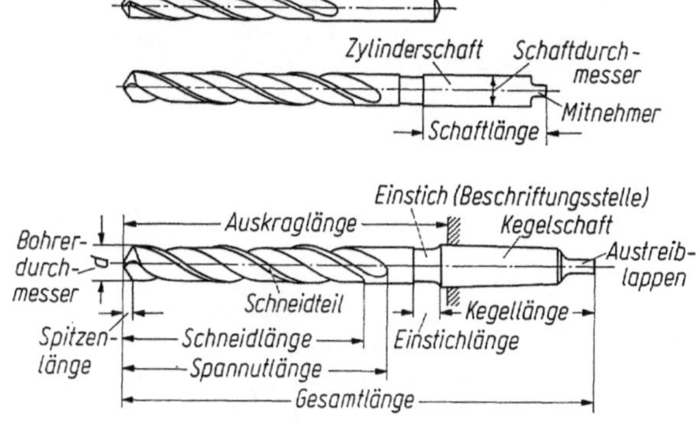

Bild 1.27. Wendelbohrer-Baumaße (nach DIN 1412).

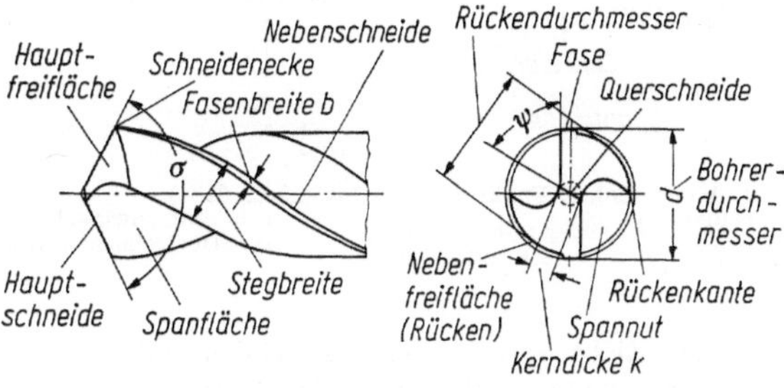

Bild 1.28. Schneidteil des Wendelbohrers.

Tabelle 1.3. Kerndicke von Wendelbohrern Typ N (Querschneidenbreite)

Bohrer-∅ mm	0,25	0,4	0,63	1,0	1,6	2,5	4,0	6,3	10	16	25	40	63	100
Kerndicke k mm (Mittelwert)	0,09	0,13	0,19	0,28	0,39	0,6	0,88	1,3	1,8	2,5	3,5	5,2	7,6	11
k/d	0,36	0,33	0,30	0,28	0,26	0,24	0,22	0,20	0,18	0,16	0,14	0,13	0,12	0,11

steigung (Steigungswinkel etwa 1/4°), durch geeignete Stegbreite und nicht zu kleinen Rückendurchmesser werden Stabilität und schwingungsfreies Arbeiten des Bohrers gewährleistet. Von der Fasenbreite hängt die Bohrungsgenauigkeit ab. Zu schmale Fasen führen schlecht, zu breite ergeben starke Reibung und damit schnelle Abnutzung.

c) *Funktionsmaße* (Bild 1.29, vgl. DIN 6581). Unter diesem Begriff sind alle Maße zu verstehen, die sich auf das saubere, genaue Arbeiten des Bohrers besonders auswirken; so Seitenspanwinkel (Drallwinkel) γ_x, Spitzenwinkel σ, Querschneidenwinkel ψ (abhängig vom Freiwinkel α_x, vgl. Tabelle 1.4). Im einzelnen ist folgendes zu beachten. Die Schneid-

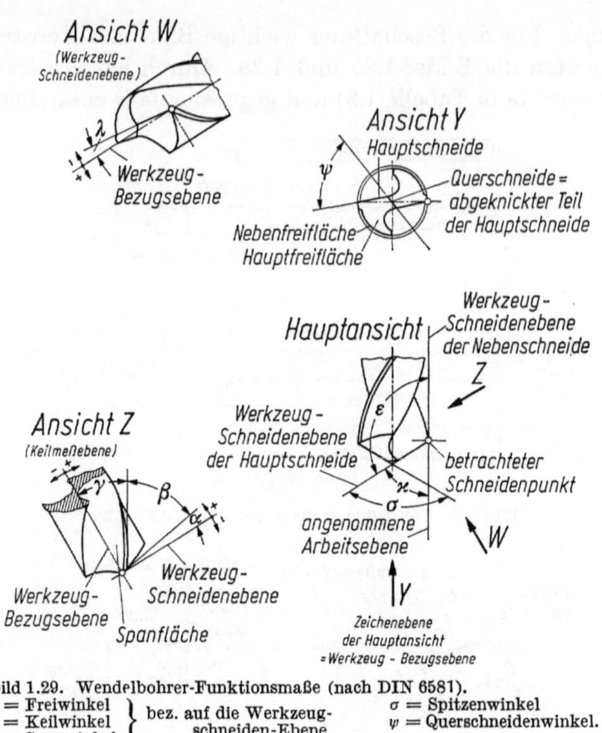

Bild 1.29. Wendelbohrer-Funktionsmaße (nach DIN 6581).

α = Freiwinkel
β = Keilwinkel
γ = Spanwinkel
} bez. auf die Werkzeug-schneiden-Ebene

σ = Spitzenwinkel
ψ = Querschneidenwinkel.

Tabelle 1.4. Richtwerte für Seitenfreiwinkel und Querschneidenwinkel (bei Spitzenwinkel 118°)

Bohrer-$\varnothing$ mm		Seitenfreiwinkel α_x	Querschneidenwinkel ψ
V	0,4···1,6	17°	49°
V	1,6···2,5	14°	49°
V	über 2,5···6,3	12°	52°
V	6,3···10	10°	52°
V	10	8°	55°

fähigkeit des Bohrers wird am stärksten beeinflußt durch Drallsteigung, Nutenform und Kerndicke in Verbindung mit hochwertigem Schneidstoff und richtiger Härte. Die Steigung der schraubenförmigen Nute ist so zu wählen, wie es die Eigenart des zu bohrenden Werkstoffs in bezug auf Spanwinkel (0°···45°) und möglichst störungsfreie Spanabfuhr verlangt. Ein Nachteil des Wendelbohrers besteht darin, daß der Spanwinkel der Hauptschneiden zur Mitte hin kleiner wird (Bild 1.30). Das wirkt sich auf die Spanbildung (Bild 1.31) ungünstig aus, kann aber durch zweckmäßiges Ausspitzen z. T. wieder ausgeglichen werden. Geradlinige Schneidkanten sind neben ausreichendem Spanraum und guter Stabilität des Bohrers wichtige Elemente für die Gestaltung der

18

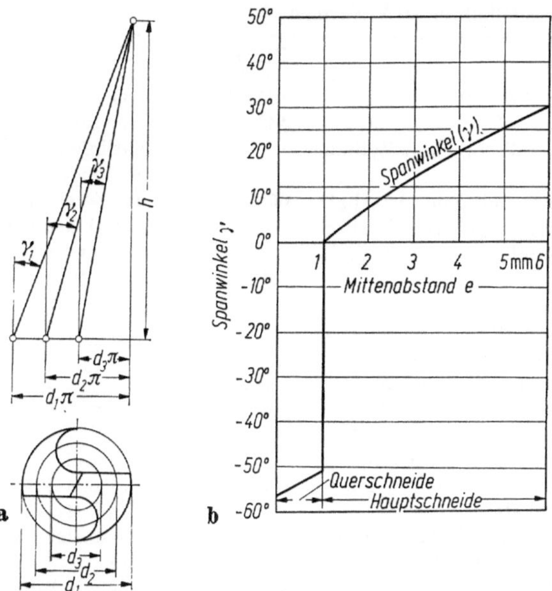

Bild 1.30. Spanwinkel ändert sich. a) abhängig von Durchmesser d und Drallsteigung h; b) abhängig vom Mittenabstand e der Meßstelle.

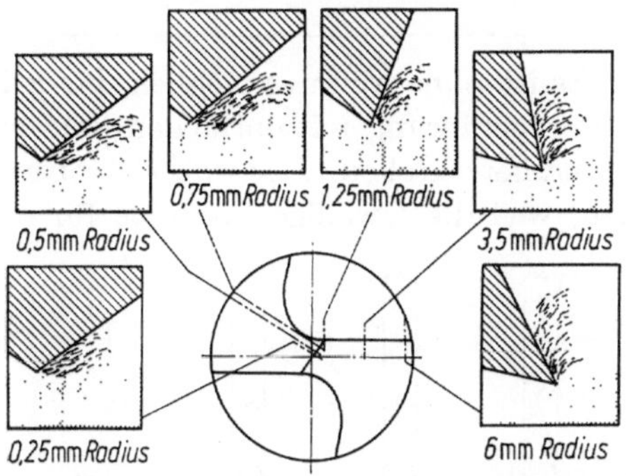

Bild 1.31. Spanbildung eines Wendelbohrers mit Kegelmantelschliff 12,7 mm ∅ (an verschiedenen Stellen der Haupt- und Querschneide).

Nutenform. Vorgewölbte Schneidkanten führen sonst zum Rattern, zurückgewölbte zum Einhaken und Ausbrechen der Schneidenecken. Damit ist die Form des vorderen Teils der Nut — bei bestimmtem Spitzenwinkel und der gewählten Drallsteigung — eindeutig festgelegt. Der weitere Nutenverlauf liegt geometrisch nicht fest. Er soll aber vom Konstrukteur so gestaltet werden, daß sich eine möglichst offene Nut ergibt.

Die Kerndicke ist abhängig vom Bohrerdurchmesser (Tabelle 1.3). Für besondere Beanspruchungen, bei denen große Starrheit erforderlich ist, werden die Wendelbohrer mit verstärktem Kern (z. B. Typ H-Co, vgl. Tabelle 1.7, Seite 22) ausgeführt.

Tabelle 1.5. Wendelbohrer-DIN-Normen

HSS-Bohrer	Begriffe und Richtlinien
333 Zentrierbohrer 60°, Form R, A und B	1412 Spiralbohrer (Begriffe)
338 Kurze Spiralbohrer mit Zylinderschaft	1414 Spiralbohrer aus Schnellarbeitsstahl (Richtlinien für Ausführung und Anwendung)
339 Spiralbohrer mit Zylinderschaft zum Bohren durch Bohrbuchsen	6580 Begriffe der Zerspantechnik (Bewegungen und Geometrie des Zerspanvorganges)
340 Lange Spiralbohrer mit Zylinderschaft	6581 Geometrie am Schneidkeil des Werkzeuges
341 Spiralbohrer mit Morsekegel zum Bohren durch Bohrbuchsen	
345 Spiralbohrer mit Morsekegel	
346 Spiralbohrer mit größerem Morsekegel	**HM-Bohrer**
1861 Spiralbohrer für Waagerecht-Koordinaten-Bohrmaschinen	8037 Spiralbohrer mit Zylinderschaft, mit Schneidplatten aus Hartmetall für Metall
1897 Extra kurze Spiralbohrer mit Zylinderschaft[1]	8038 Spiralbohrer mit Zylinderschaft, mit Schneidplatte aus Hartmetall für Kunststoffe (Duroplaste)
1898 Stiftlochbohrer mit Kegel 1:50 zu Kegelstiften nach DIN 1 und 7978	8041 Spiralbohrer mit Morsekegel, mit Schneidplatte aus Hartmetall für Metall
1899 Kleinstbohrer (Spiralbohrer, gerade genutete Bohrer, Spitzbohrer)	

d) *Typenauswahl.* Es ist ohne weiteres möglich, für jeden Bedarfsfall eine besondere Bohrerausführung mit optimalen Bau- und Funktionsmaßen festzulegen und herzustellen. Das wird sich aber in den meisten Fällen nicht lohnen, weil die jeweilige Losgröße für eine wirtschaft-

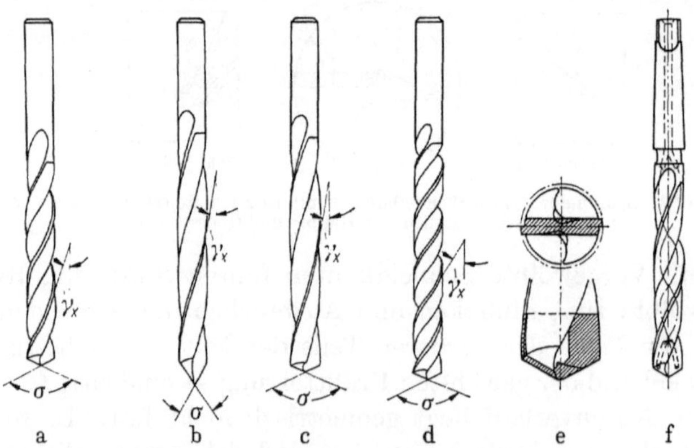

Bild 1.32. Wendelbohrertypen (Spitzenwinkel). a) N (118°); b) H (80°); c) H (130°); d) W (130°); e) HM (118° u. 130°); f) mit innerer Ölzuführung.

---

[1] Vorteilhaft zum Bohren von Blechen (Karosseriebau, Kfz-Reparatur) sind doppelseitige extra kurze Wendelbohrer. Sie haben an jedem Ende eine Spitze, so daß der Bohrer nach dem Abstumpfen nur umgespannt zu werden braucht. Neubeschaffung ist billiger als Nachschleifen.

liche Fertigung nicht ausreicht. Um stets geeignete Bohrer bereitstellen zu können, ist eine große Anzahl verschiedenartiger Ausführungen (Tabelle 1.5) genormt [11], und zwar entsprechend der Schneidrichtung rechts- und linksschneidende; entsprechend der Bohrtiefe extra kurze, kurze, lange und überlange Bohrer; hinsichtlich der Spannart Bohrer mit Zylinderschaft und mit (normalem oder großem) Morsekegel; für bestimmte Werkstoffe (vgl. DIN 1414) die Typen N, H, W (Bild 1.32); ferner Bohrer mit Hartmetallschneiden und Wendelbohrer mit Ölkanal (Bild 1.32f).

Die weitere Entwicklung hat zu sog. Mehrbereichs-Wendelbohrern (z.B. Stock-V 70, Bild 1.33) geführt. Mit diesem können verschiedenartige Werkstoffe, wie Stahl Ck 45, rost- und säurebeständige Stähle, Mes-

Tabelle 1.6. Baulängen verschiedener Wendelbohrertypen (s. hierzu Bild 1.27)

A. *Bohrer mit Zylinderschaft*

Typ DIN	Gesamtlänge/Spannutlänge für Bohrerdurchmesser in mm						
	1	3	5	8	10	16	25
1897 extra kurz	26/6	46/16	62/26	79/37	89/43	115/58	151/75
338 kurz	34/12	61/33	86/52	117/75	133/87	178/120	—
339 f.Bohrbuchsen	48/26	79/51	108/74	142/100	162/116	211/153	—
340 lang	56/33	100/66	132/87	165/109	184/121	227/149	282/185
1869 überlang							
Reihe 1	—	155/105	190/135	240/165	265/185	—	—
Reihe 2	—	200/135	245/170	305/210	340/235	—	—
Reihe 3	—	—	315/210	390/265	430/295	—	—
8037/38 Hartmetall	—	50/20	63/28	80/40	100/56	140/80	—

B. *Bohrer mit Morsekegel*

Typ DIN	Spannutlänge für Bohrerdurchmesser in mm								
	3	5	8	10	16	25	40	63	100
extra kurz	—	—	—	58	80	106	—	—	—
345/346 kurz	33	52	75	87	120	165	200	240	280
341 f.Bohrbuchsen	—	74	100	116	153	206	277	—	—
1870 überlang									
Reihe 1	—	—	165	185	230	290	—	—	—
Reihe 2	—	—	210	235	295	365	—	—	—
8041 Hartmetall	—	—	—	50	70	100	—	—	—

Gesamtlänge = Spannutlänge + Länge des Schaftteiles

Zuordnung zum Durchmesserbereich	Länge des Schaftteiles für Morsekegel in mm					
	MK 1 81	MK 2 98	MK 3 121	MK 4 149	MK 5 187	MK 6 254
DIN 345	3···14	ü. 14···23	ü. 23···31,5	32···50,5	51···76	77···100 ⌀
DIN 346	—	12···14	ü. 18···23	27···31,5	41···50	64···76 ⌀

sing, Aluminium, verschiedene Kunststoffe, wirtschaftlich gebohrt werden. Vorteil: Typenbeschränkung in der Lagerhaltung [80].
Eine weitere Ergänzung sind die Wendelbohrmesser [12], die auf einen Halter (auch mit innerer Ölzuführung) aufgesteckt werden (Bild 1.34) sowie die sog. Velox-Tieflochbohrer (Bild 1.35) für außergewöhnlich große Bohrtiefen. Zum Bohren der Ölkanäle (2···10 mm ⌀) in Kurbelwellen und Pleuelstangen werden meist extra lange Wendelbohrer mit

Tabelle 1.7. Anwendungsbereiche der Wendelbohrertypen

Typ	Spitzen-winkel	Seitenspan-(Drall)winkel	Ausführung	Anwendungsbereich
N	118°	18°···35°	geräumige Nuten, leichte Kern-steigung	weiche und mittelharte Stähle, Stahl-, Grau- u. Temperguß, langspanendes Messing, Bronze
H	130° 80°	10°···16°	besonders weite u. offene Nuten	kurzspanendes Messing, Kunststoff-Preßteile
W	130°	35°···45°	weite Nuten, schmale Stege u. Fasen	Aluminium u. Alu-Legierungen, Kupfer, Phosphorbronze, weiche Kunststoffe (tiefe Bohrungen)
Tiefloch-bohrer	130°	35°···40°	starker Kern, extrem weite Nuten, schmale Fasen, Kreuzanschliff	tiefe Bohrungen in weiche oder zähharte Stähle und Metalle
H–Co (aus kobalthaltigem HSS)	130°	30°···35°	verstärkter, stark steigender Kern, ausgespitzt, verkürzte Baulängen	schwer bohrbare Werkstoffe, z. B. nichtrostende, säure- u. hitzebeständige Stähle und Nickellegierungen, harte Gußsorten, Titanlegierungen
HM (aus Vollhartmetall oder mit Hartmetallschneiden)	130°		verkürzte Baulängen	besonders harte Werkstoffe, z. B. Hartguß, gehärteter Stahl und Kunststoffe mit verschleißenden Füllstoffen oder Einlagen
Mehr-bereichs-bohrer (Stock-V 70)	130°	40°	verstärkter, gleichbleibender Kern; ausgeprägte Rückenwulst; weite, offene Nuten; schmale Fasen; ausgespitzt	unlegierte und legierte Stähle, Messing, Aluminium, Kunststoffe (auch für Bohrtiefen über $5d$)

verstärktem Kern und Kreuzanschliff (vgl. Abschnitt 1.2.2.f) verwendet.

In Tabelle 1.6 sind Baumaße verschiedener Ausführungen miteinander verglichen. Tabelle 1.7 bringt eine Typenübersicht mit den Anwendungsbereichen. Die Herstelltoleranzen der Wendelbohrer sind in Tabelle 1.8 zu finden.

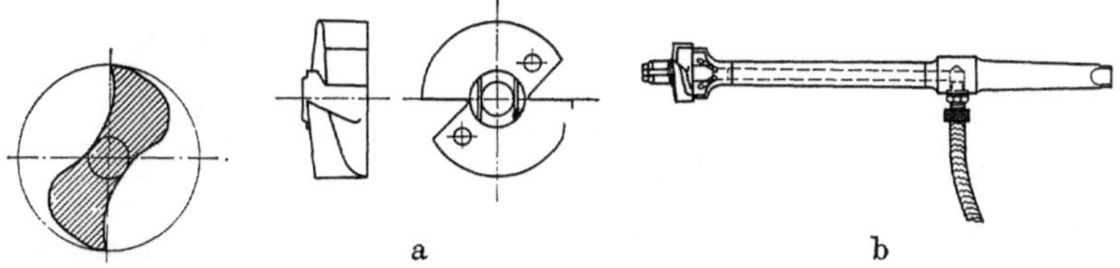

Bild 1.33. Querschnitt des torsionsstabilen V 70-Mehrbereichsbohrers (Stock).

Bild 1.34. Wendelbohrmesser (Sassex). a) einfache Form; b) mit Führungszapfen auf Halter mit Ölzuführung.

Bild 1.35. Velox-Tieflochbohrer mit 4 Führungsrippen, Spanbrechernuten und innerer Kühlmittelzufuhr (Sassex), Durchmesserbereich 31 bis 80 mm, Länge bis 7000 mm.

Tabelle 1.8. Wendelbohrer-Herstelltoleranzen (Durchmessertoleranz in µm)

| Bohrer-∅ | Größtmaß | Kleinstmaße bei Toleranz | | |
| | | normal | verengt | |
mm		h8	h7	h6
Nennmaß				
bis 3	+0	−14	− 9	−7
über 3···6		−18	−12	−8
über 6···10		−22	−15	−9
über 10···18		−27	−18	−11
über 18···30		−33	−21	−13
über 30···50		−39	−25	−16
über 50···80		−46	−30	−19
über 80···100		−54	−35	−22

e) *Spitzenanschliffe* [13]. Ohne zweckmäßigen, genauen Anschliff kann ein Wendelbohrer nicht einwandfrei schneiden. Bild 1.36 zeigt die übliche Spitzenform. Die beiden geraden Hauptschneiden bilden den Spitzenwinkel σ (normal für Typ N 118°, für 130° und für W 130°···140°). Damit die Schneidkanten ohne Schwierigkeit in den Werkstoff eindringen können, ist für einen ausreichenden Wirkseitenwinkel α_{xe} (Bild 1.37) zu sorgen. Der dem Werkzeug angeschliffene Seitenfreiwinkel α_x verringert sich beim Bohren um den Wirkrichtungswinkel η auf den Wirk-Seitenfreiwinkel α_{xe}. Schwerwiegender wirkt sich das Fließen weicher und zähharter Werkstoffe aus, durch das der Raum an den Freiflächen eingeengt und so der Zutritt des Kühlmittels erschwert werden. Von den üblichen Anschliffen ist der Kegelmantelschliff (Bild 1.38) am weitesten verbreitet. Bei ihm bildet die Freifläche den Teil eines Kegelmantels. Damit ergibt sich ein zur Bohrermitte hin zunehmender Freiwinkel. Die Größe dieses Winkels

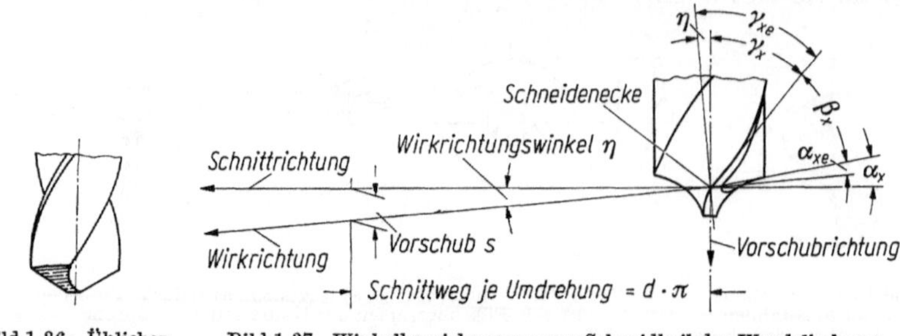

<table>
<tr><td>Bild 1.36. Üblicher
Wendelbohrer-
Spitzenanschliff
(Kegelmantelschliff).</td><td colspan="2">Bild 1.37. Winkelbezeichnungen am Schneidkeil des Wendelbohrers
(nachDIN 6581).</td></tr>
</table>

Bild 1.36. Üblicher Wendelbohrer-Spitzenanschliff (Kegelmantelschliff).

Bild 1.37. Winkelbezeichnungen am Schneidkeil des Wendelbohrers (nachDIN 6581).

α_x Seitenfreiwinkel γ_x Seitenspanwinkel
α_{xe} Wirk-Seitenfreiwinkel γ_{xe} Wirk-Seitenspanwinkel
β_x Seitenkeilwinkel η Wirkrichtungswinkel.

kann beim Schleifen frei gewählt werden (bestimmter Ausschnitt aus dem in Bild 1.38 eingezeichneten Kegelmantel). Maßbestimmend sind die Untermittestellung a der Schneidkante unter die Schwenkachse und der Winkel zwischen der Schwenkachse und der Bohrerachse (z. B. 20°) sowie der Abstand A (mittleres Bild) des Schnittpunktes der Schwenk- und Bohrerachse vom Schleifscheibenumfang.

Neben dem einfachen Kegelmantelschliff haben sich in bestimmten Fällen andere Anschliffarten bewährt [14, 15]. Hierzu gehören der Flächenschliff, der Oliver- und der Schraubenflächenschliff (spiral point). Der Flächenschliff (Bild 1.39) ist bei kleinen Bohrern vorteilhafter, da er schnell hergestellt werden kann. Unter 1 mm Durchmesser werden 2 Flächen, für größere Bohrer häufig auch 4 Flächen angeschliffen (Freiwinkel unter 3 mm → 25°···35°).

Beim Oliver-Anschliff (Bild 1.40) wird die Schleifscheibe zusätzlich auf die Bohrerhalterung zu bewegt, während der Bohrer geschwenkt wird. Dadurch ergeben sich an den Freiflächen teils gewölbte, teils hohle Abschnitte und man erhält längs der Hauptschneiden andere Frei- und Keilwinkel als beim üblichen Kegelmantelschliff. Auch werden die Schnittverhältnisse an der Querschneide günstiger.

Der Schraubenflächenschliff (Bild 1.41) ist ebenfalls durch größere Freiwinkel in Querschneidennähe und außerdem durch eine S-förmige Querschneide gekennzeichnet. Diese hat in der Mitte ihren höchsten Punkt, also eine hervorgehobene Spitze (spiral point), im Gegensatz zur flachen Meißelschneide des Kegelmantelschliffs. Das macht sich durch leichtes, zentrisches Anbohren vorteilhaft bemerkbar. Die hohlgeschliffene Querschneide neigt aber bei kräftigen Vorschüben und

harten Werkstoffen zum Ausbrechen. Das gilt ebenso für den Oliver-
Schliff. Die Herstellung beider Anschliffe verlangt immer besondere
Schleifmaschinen.

f) *Ausspitzungen*. Durch Ausspitzen, d. h. Ausschleifen der Querschneide wird der Spanraum an dieser Stelle vergrößert. Da die Quer-

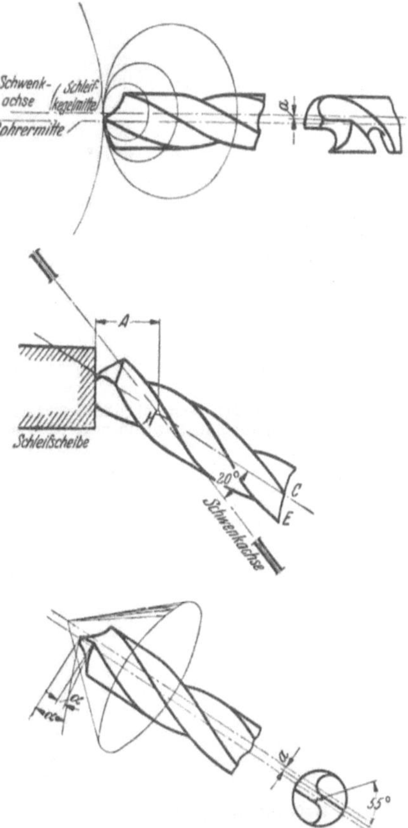

Bild 1.38. Kegelmantelschliff (Freifläche als Kegelfläche). *a* Untermittestellung der Schneide
unter die Schwenkachse, *A* veränderlicher Abstand des Schnittpunktes der Schwenk- und Bohrerachse vom Schleifscheibenumfang.

Bild 1.39. Vierflächenschliff.

schneide zudem schmäler wird, verringert sich die Vorschubkraft
erheblich (bis zu 30%). Um günstigen Spanfluß zu erhalten, wird
die Form der Ausspitzung dem Nutenprofil des Bohrers angepaßt
(Bild 1.42).

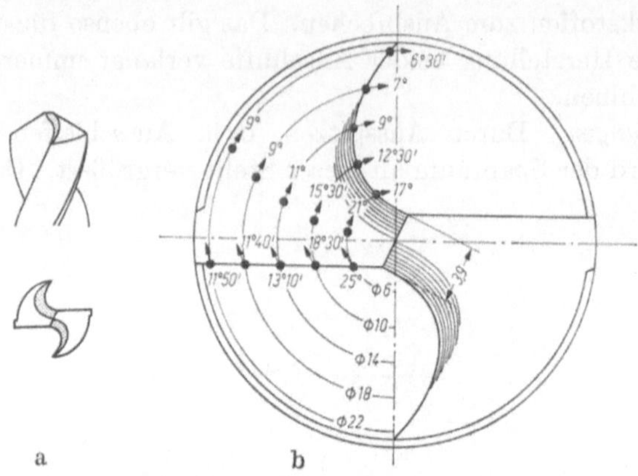

a   b

Bild 1.40. Oliver-Anschliff. a) Ansicht; b) entstehende Freiwinkel (Bohrerdurchmesser 23 mm).

Bild 1.41. Schraubenflächenschliff
(Spiropoint) mit S-förmiger Querschneide.

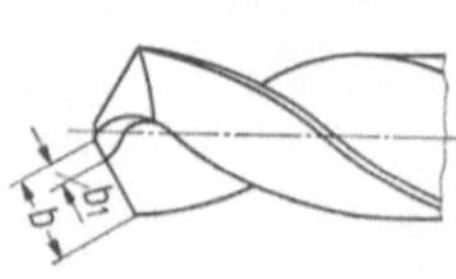
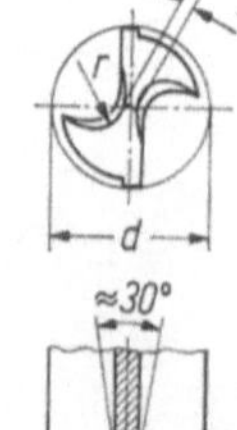

Bild 1.42. Maße für zweckmäßige Ausspitzung (Stock)

		bis 10 mm	über 10 mm ⌀
Querschneidenbreite	l	$= 0,15\,d$	$0,10\,d$
Ausspitzradius	r	$= 0,3\,d$	$0,2\,d$
Breite der Ausspitzung an der Hauptschneide	b_1	$= 0,5\,b$	$0,3\,b.$

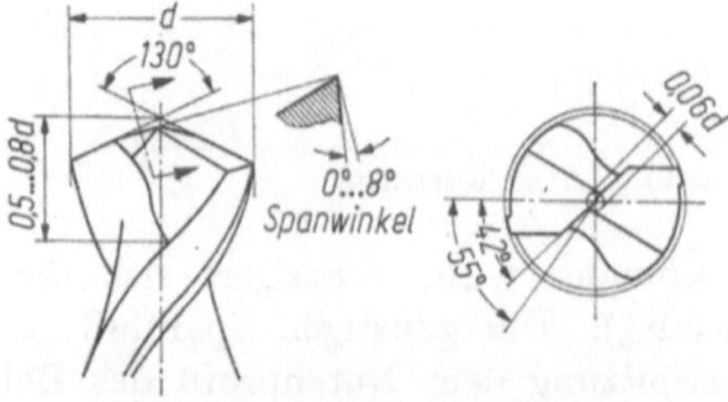

Bild 1.43. Kreuzanschliff (Richtmaße) (Stock).

Eine besondere Art der Ausspitzung stellt der Kreuzanschliff dar
(Bild 1.43). Durch ihn erhält die Querschneide einen günstigen, oft
positiven Spanwinkel. Die Späne werden in ihrer Breite zerlegt, so
daß die Bohrernuten im Querschnitt kleiner sein können. Infolge der
besonders kleinen Querschneidenbreite (max. 0,06 d) schneidet der
Bohrer leicht an und verläuft wenig. Die gezeigte Ausführung ist
auch gegen Stöße wesentlich widerstandsfähiger als der früher übliche
Kreuzanschliff ohne Querschneide.

g) *Sonderanschliffe.* Von den verschiedenen weiteren Anschliffarten
haben sich auf die Dauer nur wenige bewährt. Sie sollen hier kurz
beschrieben werden. Durch Korrektur des Seitenspanwinkels (Bild 1.44)
können mit normalen Wendelbohrertypen auch bei schwer spanbaren
Werkstoffen günstige Spanformen erreicht werden, so z. B. durch An-

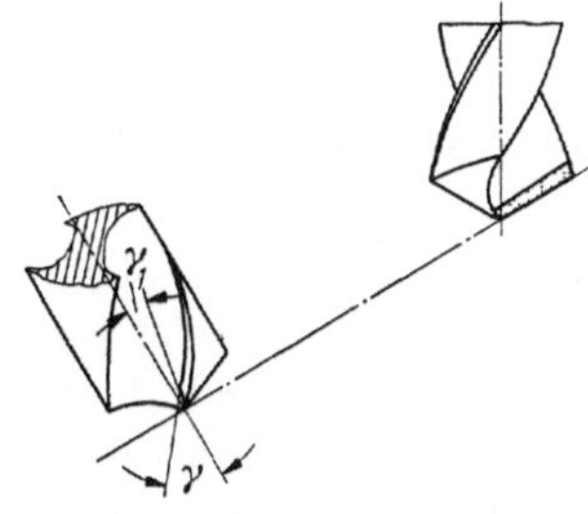

Bild 1.44. Verkleinern des Spanwinkels
durch Anschleifen einer Fläche ($\gamma_1 < \gamma$).

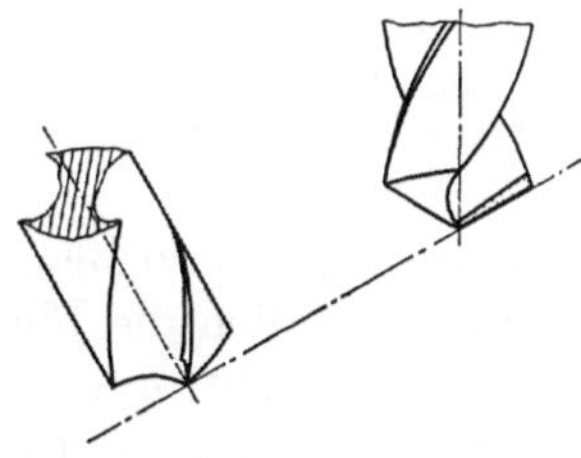

Bild 1.45. Vergrößern des Spanwinkels
durch Einschleifen einer Spanleitstufe (Hohlkehle).

Bild 1.46. Gußanschliff mit gebrochenen
Schneidenecken (Fasenbreite b_{f_1}), z. T. auch als
Vierflächenschliff (zusätzliche Fasenbreite b_{f_2}).

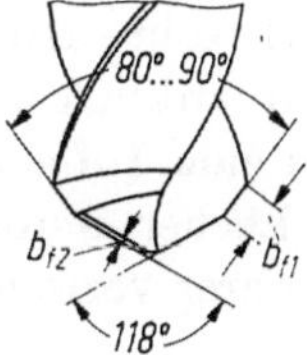

schleifen einer Fläche längs der Hauptschneide, um den Seitenspanwinkel zu verkleinern (abgesetzte Spanfläche).

In gleicher Weise kann durch Einschleifen einer Spanleitstufe (Bild 1.45)
ein für weiche, zähe Werkstoffe geeigneter größerer Spanwinkel auch
beim Typ N erreicht werden.

Der Gußanschliff (Bild 1.46) ist ein Kegelmantelschliff mit gebrochenen
Schneidenecken, d. h. ein Doppelkegelanschliff mit zwei Spitzenwinkeln
von 80° und 118°. Besonders beim Trockenbohren von Grauguß wirkt
sich die dadurch erreichte Verlängerung der Hauptschneiden vorteilhaft aus. Die Schneidwärme wird besser abgeführt und die Schneidenecken sind gegen Stöße (z. B. bei harten Einschlüssen) unempfindlich.
Diese Wirkung läßt sich verstärken durch zusätzliches Abschrägen der
Rückenflächen (Vierflächenschliff). Breite der Freiflächenfase an den

Hauptschneiden $b_{f_2} = 1\cdots2$ mm unter Freiwinkel von $6°\cdots15°$, dahinter erhöhter Freiwinkel von $20°$. Es entsteht dabei eine dachförmige Querschneide, die besser zentriert.

Bohrer mit Zentrumspitze (Bild 1.47) werden eingesetzt, wenn genaue Bohrungen in Blechen oder in besonders weichen, nachgiebigen Werk-

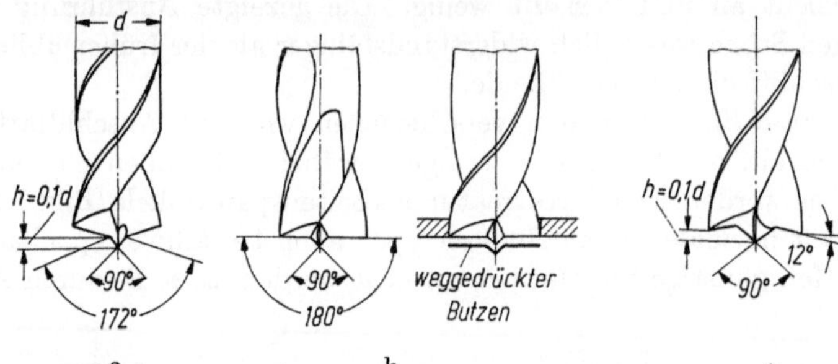

Bild 1.47. Wendelbohrer mit Zentrumspitze. a) für weiche Werkstoffe; b) zum Bohren von Blechen (Spitzenwinkel 180°); c) als Ausschneider für Bleche mit vorstehenden Schneidenecken (Spitzenwinkel z. B. 204°).

stoffen, z. B. Kupfer und Blei, hergestellt werden sollen. Mit üblichem Spitzenanschliff fallen die Bohrungen sonst meist unrund oder sogar eckig aus. Die Zentrumspitze soll sorgfältig symmetrisch hinterschliffen werden, damit sie nicht drückt. Für Bleche ist die Ausführung mit vorstehenden Schneidenecken vorteilhaft, d. h. Spitzenwinkel größer als $180°$ (Bild 1.47c).

Die Kosten für diese zusätzlichen Schleifoperationen sind nicht unerheblich. Es sollte daher von Fall zu Fall geprüft werden, ob sich der Aufwand wirklich lohnt.

1.2.3. Senker zum Aufbohren. Zum Aufbohren vorgebohrter oder vorgegossener Löcher werden häufig als Senker bezeichnete Drei- oder Vierlippenbohrer verwendet. Es gibt sie mit Vollmaß (V) für Fertig-

Tabelle 1.9. Genormte Aufbohrwerkzeuge

DIN	Bild	Bezeichnung	Durchmesserbereich mm
343		Wendelsenker (Spiral-senker) mit Morsekegel	V 8 $\cdots$50 U 7,8 $\cdots$49,6
344		desgl. mit Zylinderschaft	V 5 $\cdots$20 U 4,8 $\cdots$19,75
222		Aufstecksenker mit kegeliger Bohrung 1:30	V 25 $\cdots$100 U 24,75$\cdots$99,6
1862		Stirnsenker für Waagerecht-Koordinaten-Bohrmaschinen	

bohrungen und mit Untermaß (U) für anschließende Fertigbearbeitung, z. B. durch Reiben. Tabelle 1.9 enthält die genormten Aufbohrwerkzeuge.

Wendel- und Aufstecksenker vom Durchmesser D haben einen kegeligen Anschnitt. Sie zentrieren sich daher im Durchmesser d der Vorbohrung und folgen deren Verlauf (Bild 1.48 a). Die Schneidkanten der Stirnsenker dagegen sind etwas nach innen geneigt. Diese Werkzeuge

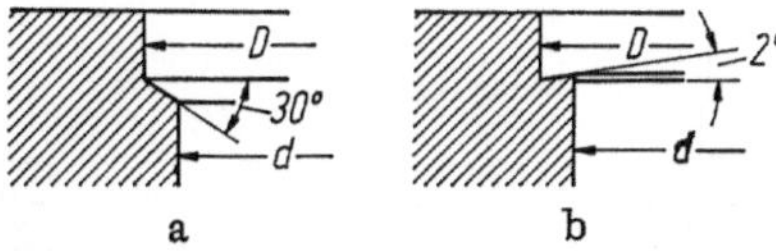

Bild 1.48. Wirkungsweise verschiedener Senkeranschnitte. a) kegeliger Anschnitt;
b) selbstzentrierender Stirnschnitt.

schneiden daher unabhängig von der Lage der Vorbohrung an und verlaufen wenig (Bild 1.48 b). Senker mit Hartmetallschneiden sind in bestimmten Fällen (z. B. für Sonderstähle oder Kunststoffe) vorteilhaft, wenn erhöhte Standzeiten oder Schnittgeschwindigkeiten gewünscht werden.

1.2.4. Flach-, Kegel- und Formsenker. Auch für das Ansenken von Auflageflächen und Einsenken von Formflächen z. B. für Schraubenköpfe sind eine Reihe von Werkzeugen genormt (Tabelle 1.10).

Tabelle 1.10. Genormte Senkwerkzeuge

DIN	Bild	Bezeichnung		Bereich
373		Flachsenker mit Zylinderschaft und festem Führungszapfen		für Gewinde M 3···M 10
375		desgl. mit Morsekegel und auswechselbarem Führungszapfen		M 10···M 20
1863 1866		Senker für Senkniete Kegelsenker 90° mit Zylinderschaft und festem Führungszapfen		
1867		desgl. mit Morsekegel und auswechselbarem Führungszapfen		
334		Kegelsenker mit Zylinderschaft		8···20 ∅
		60°	mit Morsekegel	16···80 ∅
335		desgl 90°	Senkwinkel	
347		desgl. 120°	mit Zylinderschaft	16 ∅
			mit Morsekegel	25 u. 40 ∅

Aus der Fülle der Sonder-Senkwerkzeuge, die dem speziellen Fall
angepaßt sind, seien hier erwähnt:
zum Anflächen ein- oder doppelseitige Aufstecksenker (Bild 1.49)
und geführte Bohrstangen mit Stirnmeißel (vgl. Abschnitt 1.2.8),
zum Formsenken Stufensenker und hinterdrehte Formsenker (Bild 1.50).

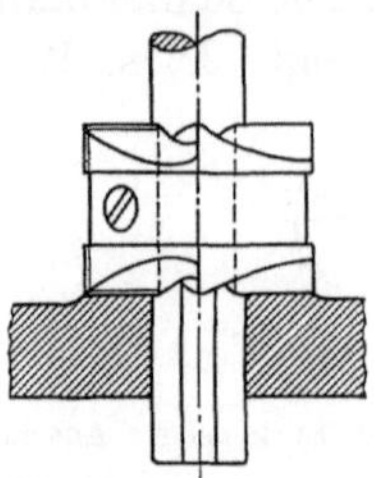

Bild 1.49. Doppelseitiger Stirn-Aufstecksenker.

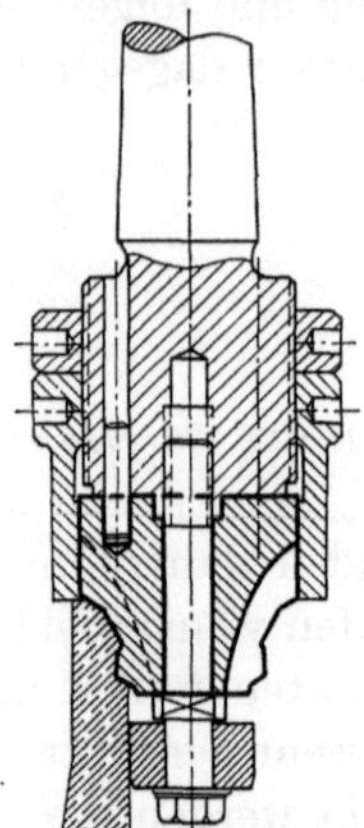

Bild 1.50. Hinterdrehter Formsenker auf Aufsteckhalter
mit Tiefeneinstellung.

1.2.5. Reibahlen. Die verschiedenen Reibahlensorten gliedern sich in
folgende Hauptgruppen: normale Hand-, Maschinen- und Aufsteck-
reibahlen für zylindrische Bohrungen (in fester und nachstellbarer Ausführung), Kegelreibahlen für Innenkegel, Nietlochreibahlen zum Aufbohren und Glätten versetzt liegender Löcher (z. B. in Blechen und
Platten), Sonderreibahlen (z. B. Stufen-, Führungs- und Pendelmesser-
Reibahlen). In Tabelle 1.11 ist eine Übersicht über DIN-Ausführungen
gegeben.
Reibahlen sind Aufbohrwerkzeuge, an deren Genauigkeit hohe Anforderungen gestellt werden. Sie haben daher eine besondere Schneidengeometrie, die auch bei der Instandhaltung nicht verändert werden
darf. Merkmale: Zähnezahl, Zahnteilung, Schneidenwinkel. Zähnezahlen für handelsübliche Reibahlen sind in Tabelle 1.12 angegeben.
Die Zahnteilung darf nicht zu eng gewählt werden. Sonst sind Spanstauungen, die unsaubere Bohrungen verursachen, zu befürchten.
Reibahlen für zylindrische Bohrungen werden außerdem in der Regel
mit ungleicher Zahnteilung (Bild 1.51) ausgeführt. Man vermeidet
dadurch Oberflächenmarkierungen infolge Polygonbildung in der
Bohrung, die auf rhythmische Kräftewirkung zurückzuführen sind.
Die Zähne sind aber so angeordnet, daß sich je zwei genau gegenüber
liegen (gerade Zähnezahl erforderlich). Messen des Durchmessers daher
auf einfache Weise (z. B. mit Bügelmeßschraube) möglich. Kegelreibahlen können mit ungerader Zähnezahl und gleichmäßiger Zahnteilung ausgeführt werden, da diese sich mit wechselndem Durchmesser
stetig ändert. Entstehende Rattermarken werden so laufend über-

Tabelle 1.11. Genormte Reibahlen mit Schneiden aus HSS oder HM (Hartmetall)

Bezeichnung u. Ausführung		DIN (fest)	DIN (nachstellbar)
Handreibahlen mit Zylinder-schaft und Vierkant	zyl.	206	859 (geschlitzt, für Reparaturen)
Maschinenreibahlen	zyl.	212 8050 (HM)	
desgl., mit Morsekegel	MK	208 8051 (HM)	209 (mit aufgeschr. Messern) 210 (mit kegelig längs-verschiebbaren Messern) 211 (desgl. für Grund-löcher)
Aufsteckreibahlen m.	1:30	219 8054 (HM)	220 (mit aufgeschr. Messern) 221 (Grundreibahlen mit kegelig längs-verschiebbaren Messern)
Kegelreibahlen	zyl.	9 (f. Kegelstifte)	
	zyl.	204 (f. Morsekegel) 205 (f. Metr. Kegel)	
	MK	1895 (f. Morsekegel) 1896 (f. Metr. Kegel)	
Nietlochreibahlen	MK	311	

Tabelle 1.12. Richtwerte für Zähnezahlen

Reibahlen-$\varnothing$		bis 3	15	25	40	52 mm
Zähnezahl	HSS	4	6	8	10	12
	HM	3···4	5···6	6	8	10

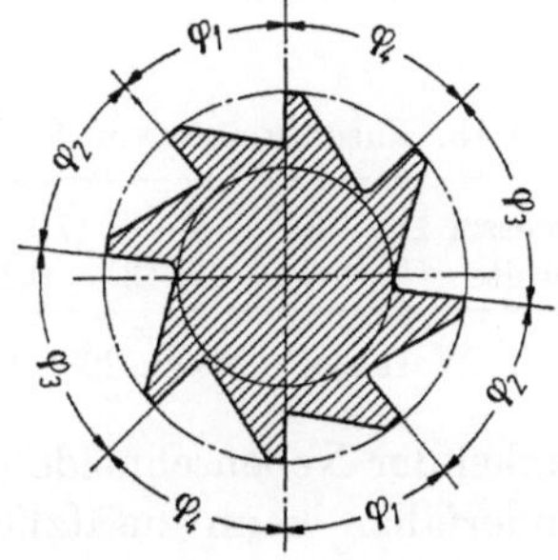

Bild 1.51. Ungleiche, aber symmetrische Zahnteilung einer Reibahle.

brückt. Die Schneidenwinkel und die übrige Schneidengeometrie sind in Bild 1.52 dargestellt. Der Spanwinkel der Hauptschneide γ liegt bei geradgenuteten Reibahlen normal zwischen $0°$ und $+5°$.

Größere Spanwinkel begünstigen die Ratterneigung. Die Größe des Freiwinkels α richtet sich nach dem gewünschten Wirkfreiwinkel (vgl. DIN 6581) und der Anschnittform (für Werkstoffe mittlerer Festigkeit ist $\alpha = 6°\cdots8°$). Mit abnehmendem Bohrungsdurchmesser verringert sich der Freiwinkel, er ist also bei kleinen Reibahlen größer zu wählen als bei großen. Mit den Nebenschneiden führt sich die Reibahle in

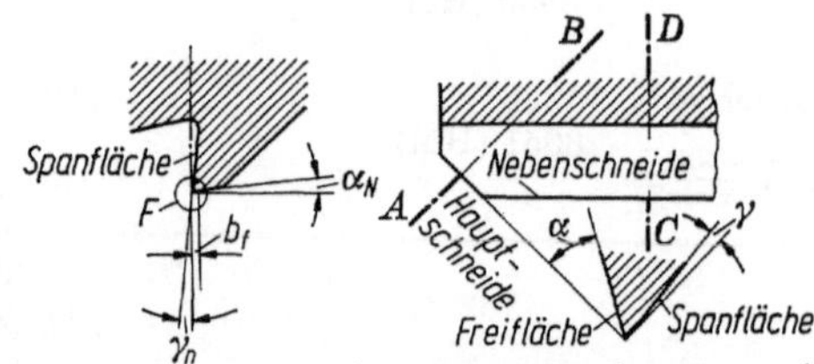

Bild 1.52. Schneidengeometrie einer Reibahle.

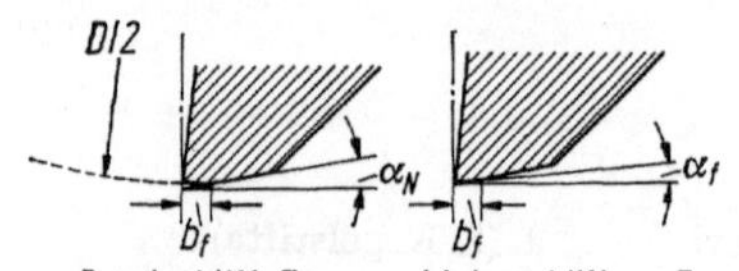

Bild 1.53. Vergrößerte Darstellung der Schneidenfase. a) Rundschlifffase; b) Fase mit Freiwinkel.

der Bohrung. Im allgemeinen werden Reibahlen mit Rundschliffasen (Bild 1.53a) verwendet, die sich im Durchmesser nach dem Schaft hin schwach verjüngen. Verjüngung etwa $0{,}02\cdots0{,}04$ mm auf 100 mm Länge. Dadurch kann vermieden werden, daß sich das Werkzeug beim Reiben festklemmt oder daß beim Rücklauf Riefen in der Bohrung entstehen. Die Breite b_f der feingeschliffenen Rundfase ist von Werkzeugdurchmesser und dem zu reibenden Werkstoff abhängig. Zu breite Fasen haben eine rauhe Bohrungsoberfläche zur Folge, da sich dann — vor allem bei weichen Werkstoffen — leicht Werkstoffteilchen aufsetzen können. Richtwerte für Fasenbreiten gibt Tabelle 1.13.

Tabelle 1.13. Fasenbreiten von Reibahlen (für mittlere Festigkeiten)

Durchmesser D	3	5	10	20	40	80	100	mm
Fasenbreite	0,10	0,13	0,16	0,20	0,25	0,32	0,40	mm

Für weiche Werkstoffe bis zu 25% kleiner, für harte bis zu 30% größer.

Der Freiwinkel der Nebenschneide (hinter der Fase) α_N beträgt $5°$ bis $8°$. In Sonderfällen kann zusätzlich die Fase hinterarbeitet werden

(Bild 1.53b) und zwar mit einem Fasenfreiwinkel $\alpha_f = 1°\cdots2°$ für
weiche Werkstoffe (Leichtmetalle, weicher Grauguß und Stahl) und
$3°\cdots4°$ für harte Grauguß- und Stahlsorten. Beim Hinterschleifen mit
feinkörniger Scheibe oder Hinterwetzen ist aber sorgfältig darauf zu
achten, daß alle Schneiden auf gleicher Höhe bleiben.
In den meisten Fällen sind geradgenutete Reibahlen (Drallwinkel 0°)
geeignet. Die gleichfalls handelsübliche Ausführung mit schwachem
Linksdrall (ca. 7°) wird gebraucht, wenn Durchbrüche oder andere
Aussparungen in der Bohrung zu überbrücken sind. Mit Schälreib-
ahlen (Drallwinkel 40°) lassen sich Durchgangsbohrungen in weichen,
langspanenden Werkstoffen vorteilhaft bearbeiten, da gute Spanabfuhr in Vorschubrichtung und störungsfreie Kühlschmierung der
Schneiden möglich sind. Diese Reibahlen haben in der Regel Linksdrall (Bild 1.54). Bei Reibahlen mit 20°-Rechtsdrall (für Sonderfälle,

Bild 1.54. Schälreibahle mit großem Linksdrall.

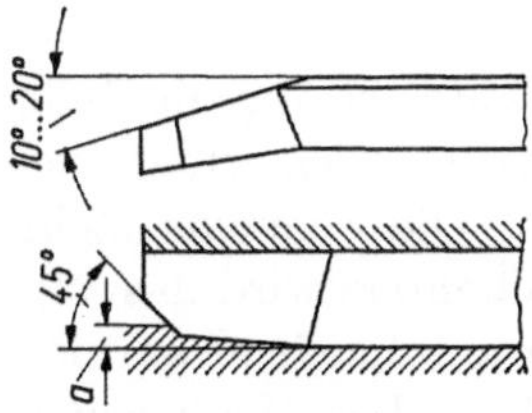

Bild 1.55. Form des Schälanschnitts
geradgenuteter Reibahlen.

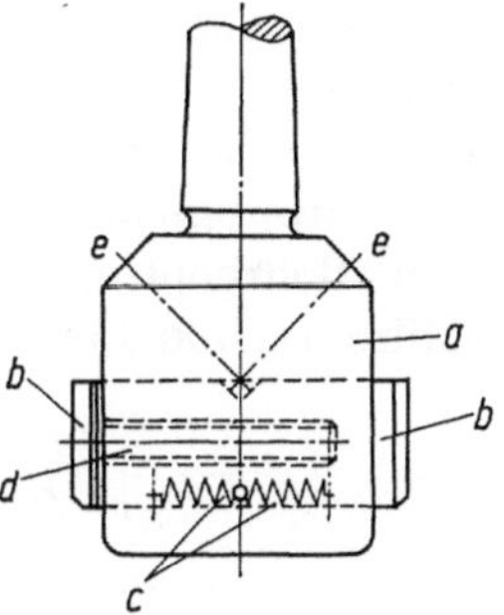

Bild 1.56. Prinzipskizze
einer Pendelmesser-Reibahle
(Koyemann).

wenn Spanabfuhr zum Schaft nötig) besteht die Gefahr, daß sie sich
in die Bohrung hineinziehen und dabei in der Spannhülse lockern.
Günstig für weiche Werkstoffe sind auch geradgenutete Reibahlen mit
Schälanschnitt (Bild 1.55). Bei diesen kann der Spanwinkel der Haupt-
schneiden größer sein und so dem zu reibenden Werkstoff besser an-
gepaßt werden.
Besonders saubere Bohrungen erreicht man mit der zweischneidigen
Pendelmesser-Reibahle, Bild 1.56 [76]. In einem Schlitz des gehär-
teten Werkzeugkörpers a sind zwei Messer b verschiebbar quer zur
Achse angeordnet. Sie werden durch Zugfedern c auf Mitte gehalten.

Durchmesserbereich bis etwa 600 mm, Verstellbarkeit mittels Mikrometerspindel d innerhalb weiter Grenzen ($\approx$ 0,1 D). Die Pendelmesser (mit HM-Schneide und 45°-Anschnitt) stellen sich auf die Mitte der Vorbohrung ein. Diese soll daher genau rund und gut fluchtend sein.

1.2.6. Einlippenbohrer (Kanonenbohrer)

a) Die älteste und einfachste Ausführung des zum Tiefbohren besonders geeigneten Einlippenbohrers ist der sog. *Kanonenbohrer* (Bild 1.57). Er hat einen halbrunden Schneidenteil und ist unterhalb der Schneid-

Bild 1.57. Urform des Kanonenbohrers.

kante abgeflacht, um die Reibung in der Bohrung zu vermindern. Der zum Rundschleifen erforderliche Zapfen mit Zentrierung wird nachher entfernt. Die Schneide steht auf Bohrermitte. Vor Gebrauch des Kanonenbohrers wird das Werkstück angebohrt und diese Führungsbohrung anschließend auf den passenden Durchmesser genau laufend aufgebohrt. Das Werkzeug hat dann von Anfang an gute Führung und verläuft nicht. Mit zwangläufigem Vorschub kann kaum gearbeitet werden. Vielmehr empfiehlt es sich, den Kanonenbohrer wiederholt aus der Bohrung herauszuziehen, um die Späne zu entfernen und neues Schmiermittel zuzuführen. Diese Urform des Tieflochbohrers wird daher nur noch selten verwendet.

b) Neuzeitliche *Einlippentieflochbohrer* [16] bestehen aus einem hartmetallbestücktem Bohrkopf mit Führungsleisten und angelötetem Schaft aus Profilrohr (Bild 1.58). Bei kleinen Durchmessern (unter

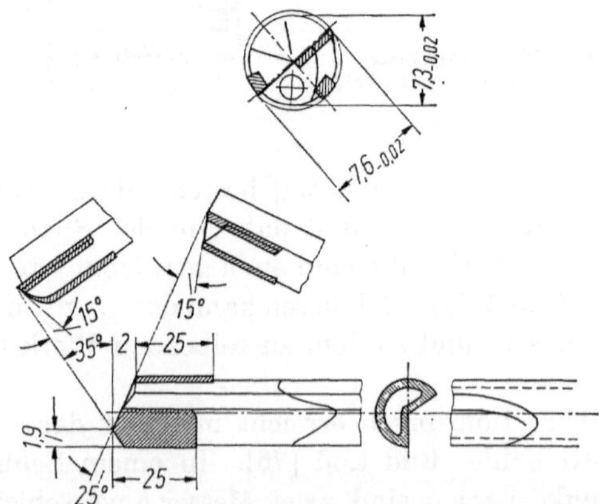

Bild 1.58. Ausführungsbeispiel eines Einlippen-Tieflochbohrers mit innerer Ölzuführung und Hartmetallbestückung (Stock).

8 mm) verwendet man Bohrköpfe aus Vollhartmetall; sonst ist der Aufnahmekörper des Bohrkopfes aus vergütetem Kohlenstoffstahl (Festigkeit 1100···1200 N/mm²), die Schneidplatte (für Stahlbearbeitung) aus Hartmetall K 20 oder P 20. Die Führungsleisten aus Hartmetall K 10 (abrieb- und verschleißfest) sind 2···3 mm länger als die Schneidplatte; dadurch ist einwandfreie Führung bis zur restlosen Ausnutzung der Schneidplatte gewährleistet. Als Schaft wird ein nahtloses vergütetes Stahlrohr hart angelötet. Dieses hat eine eingerollte V-förmige Nut und ein zylindrisches Einspannende oder zusätzliches Anschlußstück. Um zu große Druckminderung der Schneidflüssigkeit zu vermeiden, wird die Breite des Ringspaltes zwischen der Bohrung und dem Aufnahmekörper des Bohrkopfes möglichst klein gehalten.

c) Drei Hauptmerkmale des *Spitzenanschliffs eines Einlippenbohrers* (Bild 1.59) sind der äußere und innere Einstellwinkel $\varkappa_1$ und $\varkappa_2$ der

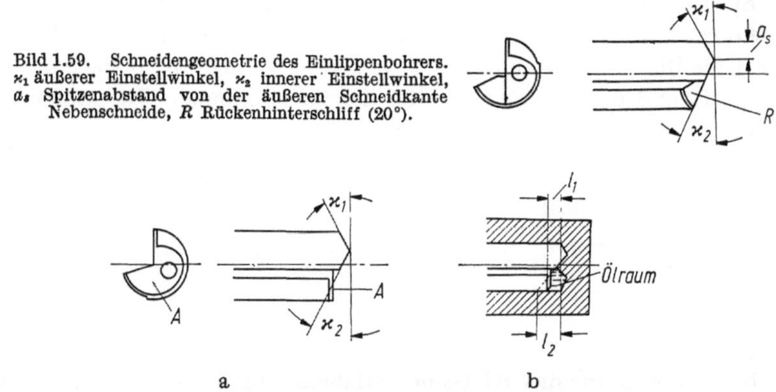

Bild 1.59. Schneidengeometrie des Einlippenbohrers. $\varkappa_1$ äußerer Einstellwinkel, $\varkappa_2$ innerer Einstellwinkel, a_s Spitzenabstand von der äußeren Schneidkante Nebenschneide, R Rückenhinterschliff (20°).

a   b

Bild 1.60. Abgesetzter Spitzenanschliff mit erweitertem Ölraum.
a) Form der Aussparung A; b) verkürzte Abstumpfungszone ($l_1 < l_2$).

Hauptschneide sowie der Abstand a_s der Schneidspitze von der Nebenschneide. Wichtig sind ferner die Freiwinkel der Hauptschneide α_1 und α_2 und die Form des Ölraums. Um diesen zu vergrößern, kann man die Bohrerspitze zusätzlich abschrägen oder ausklinken (Bild 1.60). Das ergibt eine kürzere Abstumpfungszone der Nebenschneide [17]. Richtwerte für die Einstellwinkel und Freiwinkel (abhängig vom Werkstoff) sind in Tabelle 1.14 zusammengestellt.

Es kann vorkommen, daß beim Bohren mit einem Einlippenbohrer ein dünner Kern stehenbleibt (Bild 1.61). Grund: Schneidkante unter Mitte. Es ist daher bei Fertigung des Bohrers darauf zu achten, daß die Schneide (Spanfläche) auf Mitte liegt. Auch beim Schärfen des Bohrers Spanfläche nicht nachschleifen.

Um die Spanform oder Oberflächengüte der Bohrung zu verbessern, werden auch schmale Fasen an der Schneidenecke oder an der Neben-

Tabelle 1.14. Schneidenwinkel von Einlippenbohrern (Richtwerte)

Werkstoff	Einstellwinkel $\varkappa_1$ (außen)	$\varkappa_2$ (innen)	Spitzenwinkel $\sigma = 180° - (\varkappa_1 + \varkappa_2)$	Freiwinkel α_1 u. α_2
gut bohrbarer Stahl	15°	35°	130°	10°···15°
weicher Stahl, Bronze	20°···30°	40°···30°	120°	10°···15°
harter, legierter Stahl	5°···7,5°	5°···7,5°	165°···170°	10°

Spanwinkel allgemein $\gamma = 0°$

schneide vorgesehen (Breite je nach Drchm. 0,1···0,5 mm). Ebenso kann durch Verlagerung der Schneidenspitze (üblich $a_s = 0{,}25\,d\cdots0{,}3\,d$) zusammen mit einer Änderung der Einstellwinkel das Kräftespiel an der Spitze beeinflußt werden, so daß der Bohrer sich selbst den geraden Weg durch den Werkstoff sucht. Es ist daher verständlich, daß Richtwerte für die Schneidengeometrie der Einlippenbohrer in jedem Fall überprüft und den Besonderheiten des zu bohrenden Werkstoffs angepaßt werden müssen.

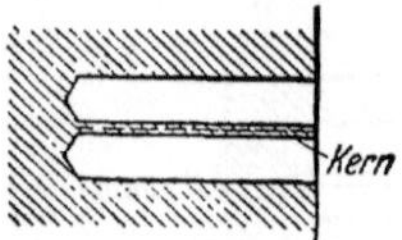

Bild 1.61. Stehengebliebener Kern (wenn Schneide unterhalb der Mittellinie legt oder innere Hauptschneide vor der Bohrermitte endet).

1.2.7. Werkzeuge für das BTA-Bohrverfahren [18, 19, 20]. Beim BTA-Bohrverfahren wird die Bohrung durch Druckspülung ständig sauber gehalten (vgl. Abschnitt 1.1.6). Die Späne kommen mit der Bohrungswandung nicht in Berührung. Vielmehr fließen sie zusammen mit der verbrauchten Schneidflüssigkeit im Innern des Werkzeuges ab. Vorteilhaft ist weiterhin die stabile, runde Form der BTA-Bohrköpfe, die meist auf einen Rohrschaft aufgeschraubt werden. Je nach der auszuführenden Bohrarbeit verwendet man einen Vollbohrkopf, Kernbohrkopf oder Aufbohrkopf.

a) Die grundsätzliche *Bauform eines einschneidigen BTA-Bohrwerkzeuges zum Vollbohren* ist in Bild 1.62 dargestellt. In den hohlen Aufnahmekörper ist eine kräftige Hartmetallschneidplatte eingesetzt, während die beiden HM-Führungsleisten so angeordnet sind, daß sie die Schnittkräfte sicher und gleichmäßig aufnehmen können. Durch das sogenannte Spanmaul ist der Span- und Kühlmittelabfluß gewährleistet. Die übrige Schneidengeometrie ähnelt der des Einlippenbohrers. Für kleinere Bohrungen (6···20 mm $\varnothing$) werden Einlippen-Bohrrohre

(Bild 1.63) verwendet, in die auch T-förmige Hartmetallprofile (Schneide und Führungsleisten in einem Stück) eingesetzt werden können. Bei größeren Durchmessern (20···50 mm) sind aufschraubbare Vollbohrköpfe vorteilhaft. Bei diesen kann man zusätzlich Spanstufen

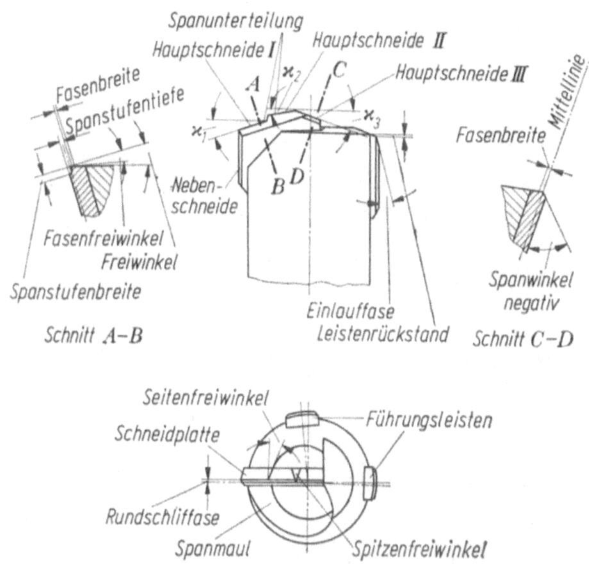

Bild 1.62. Schneidengeometrie eines BTA-Einlippenbohrers (Bohrrohres) mit eingesetzter HM-Schneidplatte und HM-Führungsleisten.

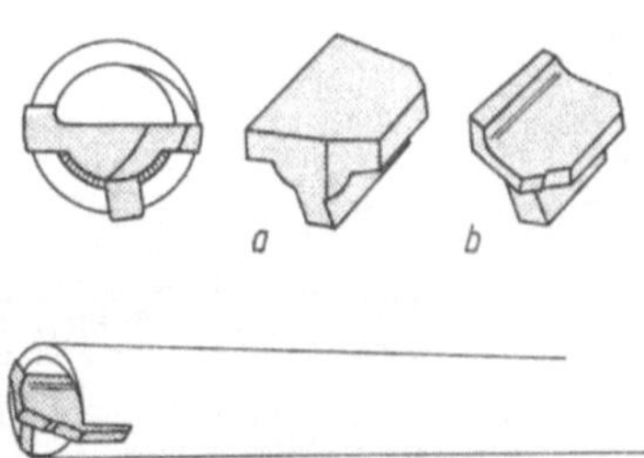

Bild 1.63. BTA-Bohrrohr mit eingelötetem T-förmigem Hartmetall-Einsatz. a) Einsatz vorgeformt; b) Schneiden und Führungsleisten fertig geschliffen.

oder Schneidfasen ein- bzw. anschleifen und so günstige Spanformen erreichen. Als Beispiel zeigt Bild 1.64 eine Ausführung für zähharten Stahl mit 900 N/mm².

b) Einen *mehrschneidigen Vollbohrkopf* besitzt der sogenannte Ejektorbohrer (Bild 1.65) [20]. Seine drei oder vier Hartmetallschneiden (je nach Abmessungsbereich) sind beiderseits der Mittelachse so angebracht, daß sie einander überdecken. Hierdurch ist die einzelne Spanbreite gegeben. Bei langspanendem Werkstoff auch Schneiden mit Spanbrecher. Zwei HM-Führungsleisten lenken den Bohrer während der Arbeit. Die Besonderheit des Ejektorbohrers besteht darin, daß ein

Teil des Kühlmittels (etwa 30%) durch eine Ringdüse unmittelbar, d. h. ohne die Schneiden zu erreichen, in das Innenrohr zurückgeleitet wird, und zwar mit so großer Geschwindigkeit, daß in den Spankanälen des Bohrkörpers ein Unterdruck entsteht. Der übrige Teil

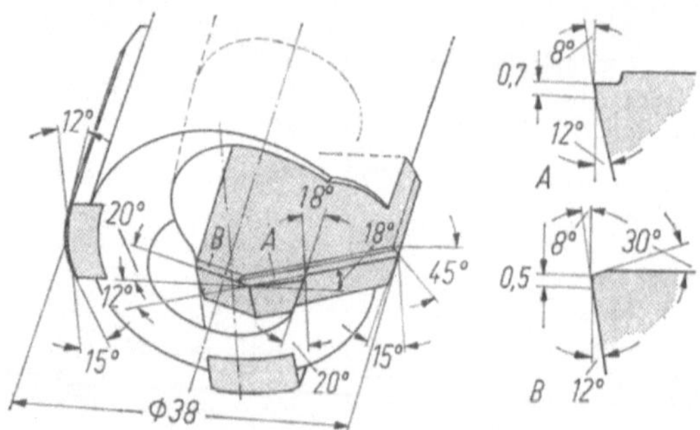

Bild 1.64. Einschneidiger BTA-Vollbohrkopf mit Spanunterteilung und Spanleitstufe 38 mm ⌀ (Ausführungsbeispiel Gebr. Heller).

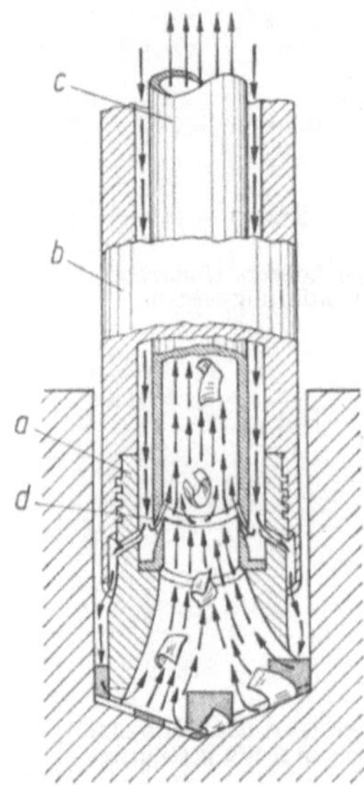

Bild 1.65. Mehrschneidiger Vollbohrkopf mit Spanabsaugung (Ejektorbohrer, Prinzipskizze). *a* Bohrkopf mit Hartmetall-Schneidplatten und -Führungsleisten, *b* äußeres Anschluß(Bohr)-rohr, *c* inneres Rohr für Spänerückführung, *d* Ringdüse für Ejektorwirkung.

des Kühlmittels sorgt für die Kühlschmierung der Schneiden und Führungen. Er wird dann zusammen mit den Spänen in das Innenrohr zurückgegsaugt.

c) Beim *Kernbohrkopf* (Hohlbohrkopf, Durchmesserbereich 50⋯350 mm) liegt das Spanmaul schräg oberhalb der Hartmetall-Schneidplatte (Bild 1.66). Da der Spanraum im Bohrrohr durch den stehenbleibenden Kern eingeengt ist, sind die Späne durch entsprechende Schneidenform in der Breite zu unterteilen und kurzbrüchig zu gestalten, z. B. durch Spanstufen. Die beiden HM-Führungsleisten werden ähnlich wie beim Vollbohrkopf angeordnet.

d) Der *Aufbohrkopf* (Bild 1.67) trägt einen verstellbaren HM-Bohrmeißel. Er kann innerhalb eines bestimmten Bereiches auf verschiedene Durchmesser und Passungen eingestellt werden. Das bei leichten Schnitten häufige Auftreten von Schwingungen wird durch die beiden

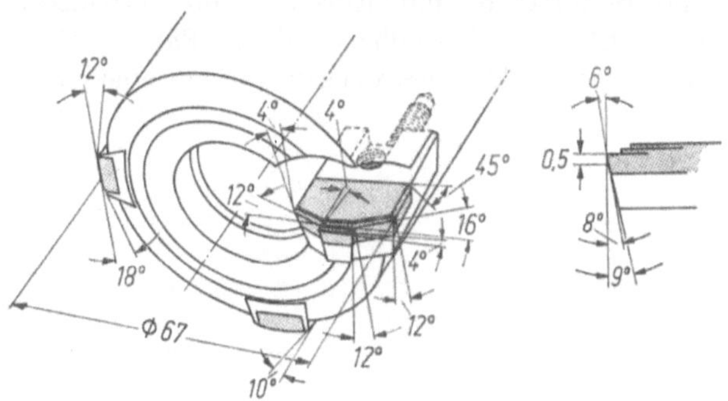

Bild 1.66. BTA-Kernbohrkopf 67 mm (Ausführungsbeispiel Gebr. Heller).

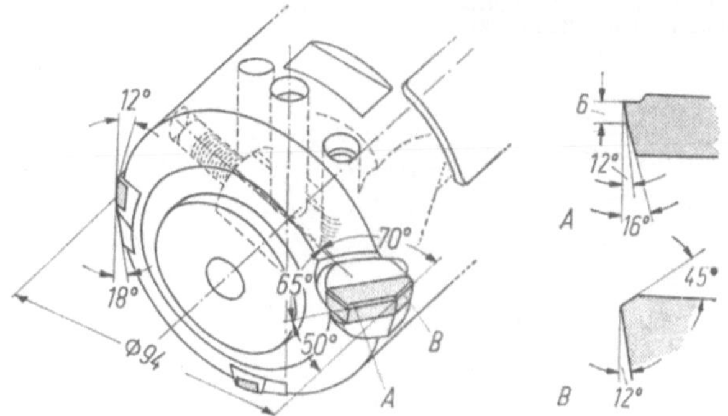

Bild 1.67. BTA-Aufbohrkopf 90 mm ∅ mit verstellbarem Bohrmeißel im Spanmaul (Ausführungsbeispiel Gebr. Heller).

Kunststoff-Führungsleisten verhindert, die sich satt in der Vorbohrung führen. Die Späne können ungehindert durch die zentrale Bohrung und den anschließenden Rohrschaft abfließen. Anwendungsbereich der Aufbohrköpfe 30···750 mm ∅.

1.2.8. Bohrstangen mit Bohrmeißeln. Während kleine Bohrungen mit normalen Bohrmeißeln oder mit kleinen Ausdrehköpfen (Bild 1.68) gerade und fluchtend aufgebohrt werden können [21], verwendet man zum Auf- und Feinbohren größerer Bohrungen Bohrstangen, in die Bohrmeißel mit Hartmetall-, Oxidkeramik- oder Diamantschneiden eingesetzt sind.

a) *Freitragende („fliegende") Bohrstangen* mit einseitig schneidendem Bohrmeißel eignen sich hauptsächlich für kleine Spanungsquerschnitte. Die Meißelstellung senkrecht zur Stangenachse ist für durchgehende Bohrungen (Bild 1.69a), die mit schräggestelltem Bohrmeißel für Grundbohrungen (Bild 1.69b) vorgesehen. Außer der Druckschraube kann zum Einstellen des Meißels auf einen bestimmten Durchmesser zusätzlich eine Stellschraube eingebaut werden (Bild 1.70). Einige Baumaße [22] sind in Tabelle 1.15 angegeben. Besonders wirtschaftlich sind Bohrstangen mit Einsätzen für Hartmetall-Wendeschneidplatten (Bild 1.71). Einzelheiten dieser Bauart zeigt Bild 1.72 [23]. Die Wendeschneidplatte wird zusammen mit einem Spanbrecher

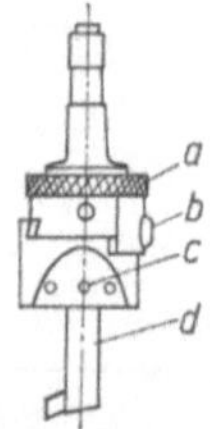

Bild 1.68. Ausdrehkopf (Röhm).
a Kordelring für Radialvorschub,
b radiale Zustellung des Bohrmeißels,
c Klemmschraube, *d* Bohrmeißel.

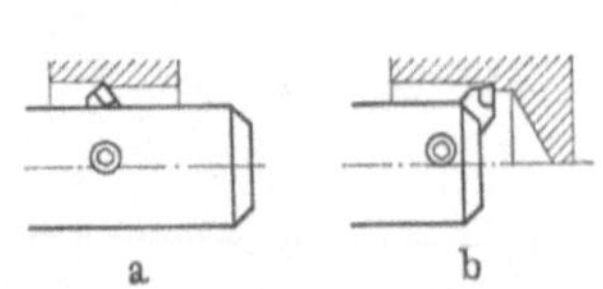

Bild 1.69. Meißelstellung in der Bohrstange.
a) senkrecht zur Stangenachse (für Durchgangsbohrung); b) schräg (für Grundbohrung).

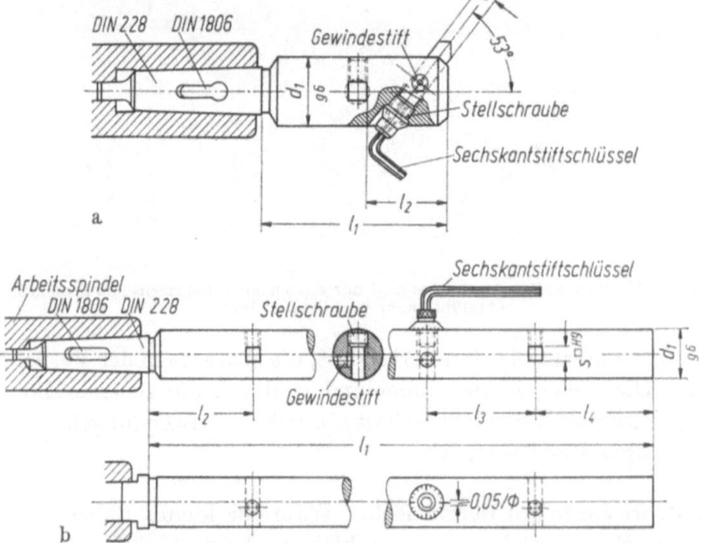

Bild 1.70. Bohrstangen (Kelch). a) kurze Ausführung; b) lange Ausführung.

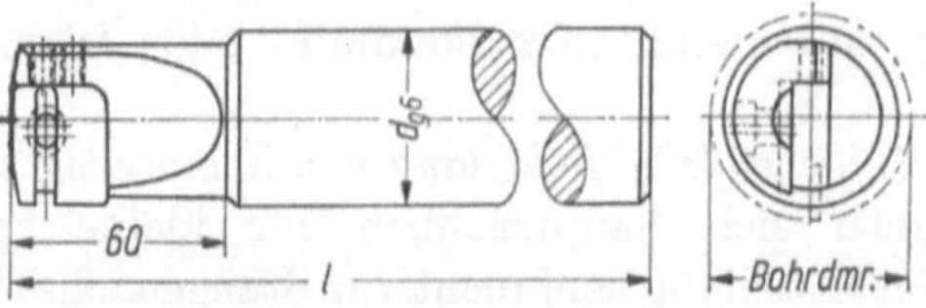

Bild 1.71. Bohrstange mit Einsatz für HM-Wendeschneidplatten (Krupp-Widia).

mittels Klemmfinger auf dem Grundkörper festgespannt, der seinerseits mit Schraube in der Bohrstange befestigt wird. Durchmesser-Feineinstellung mit Hilfe einer Doppelgewindeschraube. Die Stellung der Schneidplatten zum Werkstück ist in Bild 1.73 zu sehen.

Bei großen Spanungsquerschnitten ist grundsätzlich das Zweischneidenprinzip (Bild 1.74) zu bevorzugen. Da sich bei diesem die Rückkräfte

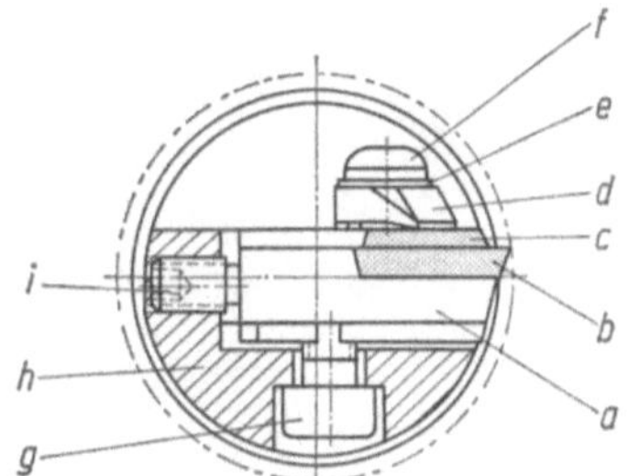

Bild 1.72. Anordnung und Befestigung der Wendeschneidplatte (Krupp-Widia). a Grundkörper, b Wendeschneidplatte, c Spanbrecher, d Klemmfinger, e Federscheibe, f Spannschraube, g Befestigungsschraube, h Bohrstange, i Doppelgewinde-Verstellschraube.

Tabelle 1.15. Baumaße von Bohrstangen (Kelch)

A. *Kurze* Ausführung (Bild 1.70 a)

Schaft MK	Stangendrchm. d_1 mm	Stangenlängen l_1 mm	Meißelstellung l_2	Werkzeugvierkant
4	16	100	17	5
4/5	20	100	21	6
4/5	25	100/160	28	8
4/5	32	100/200	34	10
4/5/6	40	100/160/250	40	12
4/5/6 Metr. 18 MK 6	50	125/200/315	50	16
Metr. 18 MK 6	63	160/250/400	50	16
Metr. 18 MK 6	80	200/400	65	20
Metr. 18	100	250/400	80	25

B. *Lange* Ausführung (Bild 1.70 b)

Schaft MK	Stangen drchm. d_1 mm	Stangenlängen l_1 mm	Meißelstellungen l_2	l_4	Werkzeugvierkant	Anzahl
4	25	500/630/800	135/130/135	240/250/260	8	2/3/4
4/5	32	500/630/800/1000	135/130/135/160	240/250/260/240	10	2/3/4/5
4/5	40	630/800/1000/1250	130/135/150/160	250/260/240/290	12	3/4/5/6
4/5	50/63	630/800/1000 /1250	160	270/240/240/290	16	2/3/4/5
5	80	800/1000/1250	200	350/300/300	20	2/3/4
MK 6	63	1250	160	290	16	5
Metr. 80	80	1250	200	300	20	4
	100	1250	200	420	25	3

der beiden Schneiden nahezu aufheben, ist der Mittenversatz doppelseitig schneidender Bohrmeißel sehr gering. Sie können außerdem mit
nahezu doppeltem Vorschub angesetzt werden.

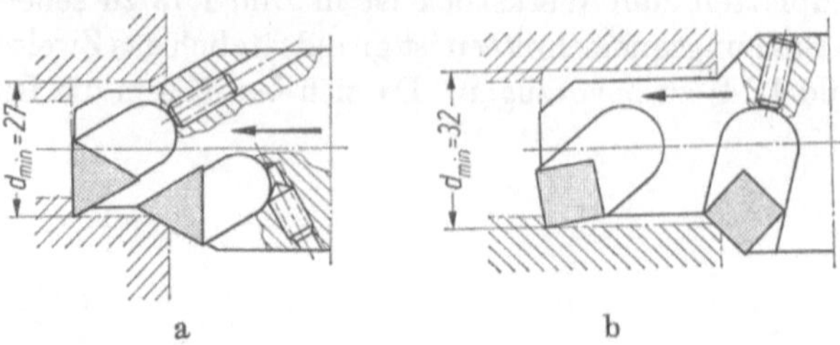

Bild 1.73. Verstellmöglichkeiten. a) Dreikantplatte; b) Vierkantplatte.

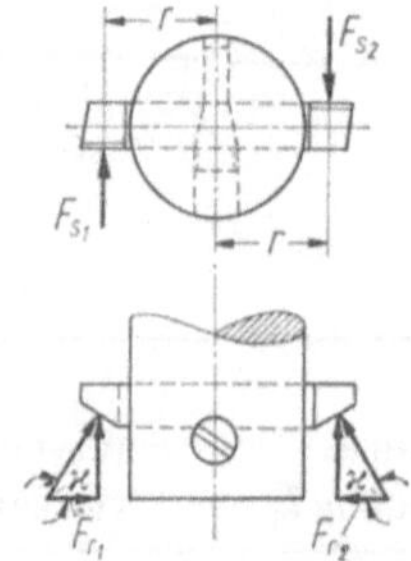

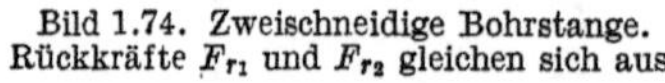

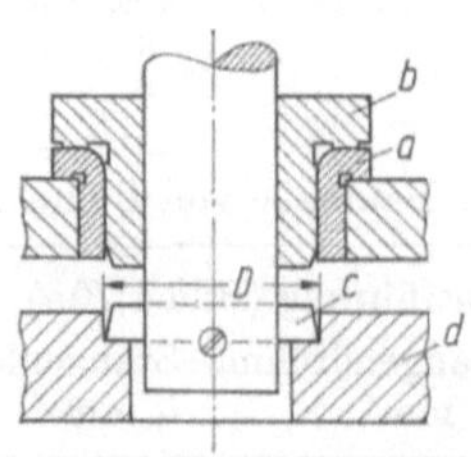

Bild 1.74. Zweischneidige Bohrstange.
Rückkräfte F_{r_1} und F_{r_2} gleichen sich aus.

Bild 1.75. Bohrstange mit Oberführung.
a Grundbuchse, b Führungsbuchse,
c Bohrmeißel, d Werkstück.

b) *Geführte Bohrstangen* sind erforderlich, wenn in einem Werkstück
mehrere hintereinander liegende Bohrungen gut fluchtend herzustellen
sind. Vorteilhaft sind sie aber auch für einfachere Bohrarbeiten, denn
durch Unregelmäßigkeiten des Werkstoffs, veränderlichen Spanungsquerschnitt, u. a. m. können bei freitragenden Bohrstangen, die sich
leicht verformen, fehlerhafte Bohrungen verursacht werden. In vielen
Fällen genügt einseitige Führung, z. B. Oberführung hinter der Schneide (Bild 1.75) oder Unterführung vor der Schneide. Der Erfolg ist
gesichert, wenn für die Paarung der gehärteten Bohrstange mit der
Führungs- bzw. Grundbuchse eine enge Toleranz (z. B. H7/h 6) ein-
gehalten wird. Die Länge der Führungsbuchse soll $2 \cdots 3\, d_1$ ($d_1 =$
$=$ Durchm. der Bohrstange) betragen.
Doppelte Führung (Ober- und Unterführung, Bild 1.76) soll bei besonders langen oder hintereinander liegenden Bohrungen vorgesehen
werden. Die Buchsenlänge ist dann $1 \cdots 1{,}5\, d_1$. Wird senkrecht gearbeitet, so ist die untere Führungsbuchse gegen das Eindringen von
Spänen zu schützen, z. B. durch eine auf der Bohrstange befestigte
harte Laufbuchse oder durch einen aufgeschobenen Gummiring.
c) *Feinbohrwerkzeuge.* Außerordentliche Sorgfalt ist beim Feinbohren
mit fliegend eingespanntem Werkzeug am Platze. Hier finden in An-

betracht der engen Form- und Maßtoleranzen kräftige Bohrstangen
mit Feineinstellung des Bohrmeißels (Bild 1.77) oder in Spreizfassung
gehaltene Feinbohrmeißel mit HM- oder Diamantschneide (Bilder 1.78
bis 1.80) Anwendung [24]. In jedem Fall müssen ausreichende Form-
genauigkeit und gute Achslage der Vorbohrung gewährleistet sein. Aus
diesem Grunde haben sich für große Feinbohrungen Bohrmesserköpfe
auf Bohrstangen bewährt, die in einer Aufspannung nacheinander Vor-

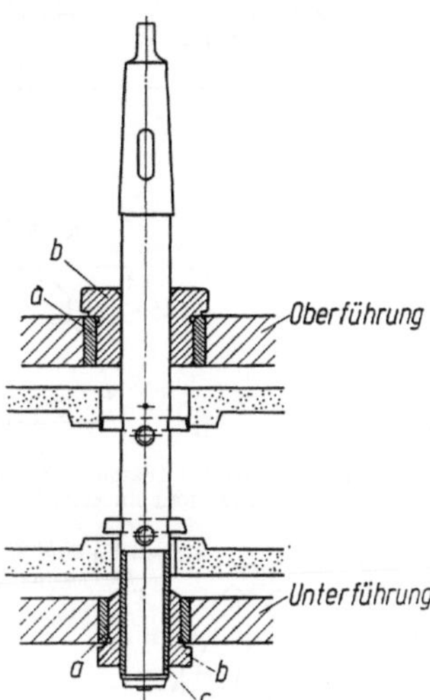

Bild 1.76. Bohrstange mit Ober- und Unterführung
(Raboma). *a* Grundbuchsen, *b* Führungsbuchsen,
c Laufbuchse.

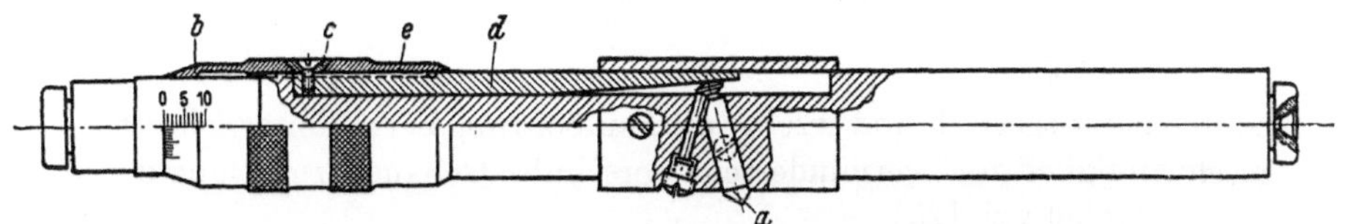

Bild 1.77. Feinbohrstange mit einstellbarem Bohrmeißel (Hahn & Kolb).
a Bohrmeißel, *b* Feinmeßschraube, *c* Mitnehmerring, *d* Keil, *e* Gegenmutter.

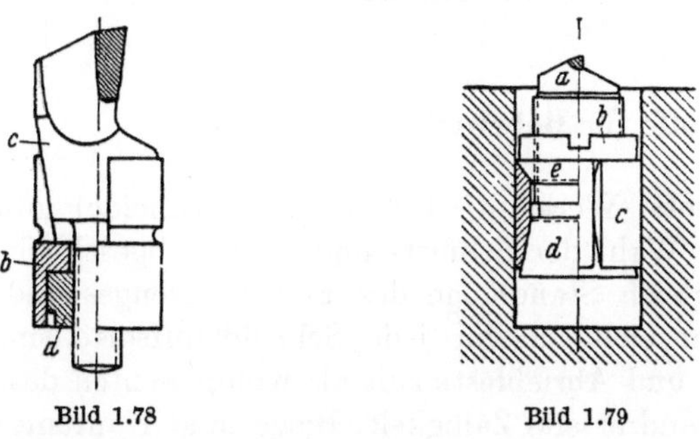

Bild 1.78   Bild 1.79

Bild 1.78. Feinbohrmeißel mit Spreizfassung für durchgehende Aufnahmebohrung (E. Winter).
a Rundmutter, *b* mehrfach geschlitzte Hülse, *c* Kegel des Werkzeugeinsatzes.

Bild 1.79. Feinbohrmeißel mit Spreizfassung für Bohrstange mit Grundbohrung (E. Winter).
a Drehmeißel mit Hartmetall- oder Diamantschneide, *b* Schlitzmutter, *c* Schlitzhülse,
d Kegel des Werkzeugträgers, *e* kegeliger Teil der Mutter.

bohrung und Feinbohrung herstellen. Hierfür sind insgesamt vier
Schneiden vorgesehen (Bild 1.81), drei Schneiden zum Vorbohren und
eine für das Fertigmaß. Diese vierte Schneide wird nach dem Vor-

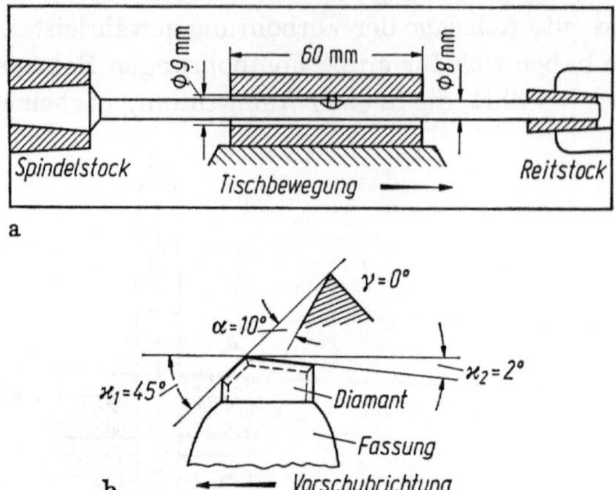

Bild 1.80. Feinbohren mit Diamantschneide. a) Gesamtanordnung; b) gerade Schneidenform
(auch runde und Facettenform handelsüblich, dann $\varkappa_1 = 15°\dots20°$).

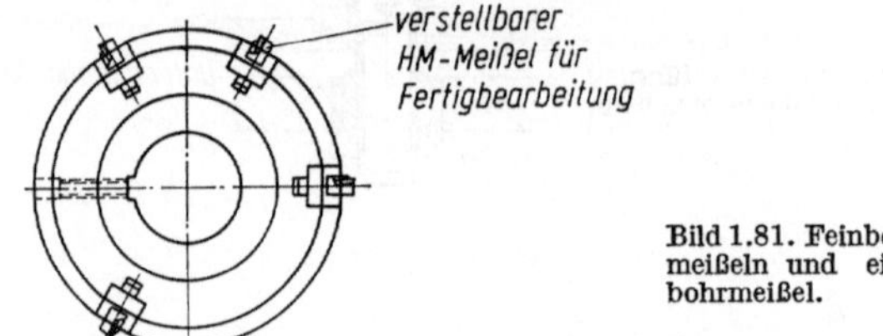

Bild 1.81. Feinbohrkopf mit drei Vorbohr-
meißeln und einem verstellbaren Feinbohrmeißel.

bohren herausgestellt und erzeugt die Feinbohrung bei erhöhter Schnittgeschwindigkeit und vermindertem Vorschub. Genaue Ermittlung der
Arbeitswinkel vgl. [25].
Auch zum Feinbohren stehen jetzt numerisch gesteuerte (NC-) Aus-
drehköpfe und Feinbohrstangen zur Verfügung [77].

1.3. Schneidstoffe für Bohrwerkzeuge [26, 27]

Der Schneidstoff (Werkstoff der Werkzeugschneide) gibt den Ausschlag bei der Wahl der Schnitt- und Vorschubgeschwindigkeit und
beeinflußt zugleich Standlänge des Bohrwerkzeuges und Bohrungsqualität. Kennzeichnend für jede Schneidstoffsorte sind einerseits
Härte, Warm- und Abriebfestigkeit als Komponenten des Verschleiß-
widerstandes, andrerseits Zähigkeit, Biege- und Kantenfestigkeit, die
Bruch und Ausbröckeln der Schneide verhindern.
Für Bohrwerkzeuge sind als Schneidstoff brauchbar: Werkzeugstahl,
Schnellarbeitsstahl, Oxid (Schneid)-Keramik, Hartmetall und Diamant.

Sie haben recht unterschiedliche Eigenschaften. Wie sich ihre Härte
unter dem Einfluß der Schneidentemperatur ändert, ist in Bild 1.82a
dargestellt. Man erkennt hier, daß Werkzeugstahl (leicht Cr-, V- oder
Mn-legierter Kohlenstoffstahl mit etwa 1% C) eine niedrige Anlaß-
temperatur hat (unter 200 °C) und daher schnell seine Härte verliert.
Er ist für leistungsfähige Werkzeuge ungeeignet. Zum Bohren werden
überwiegend Schnellarbeitsstähle (HSS) und Hartmetalle (HM) verschiedener Qualität (auch mit Titannitrid beschichtete [78]) verwendet.
Einige gängige HSS-Sorten enthält Tabelle 1.16. Für kleine Spanungs-

Tabelle 1.16. Für Bohrwerkzeuge häufig verwendete Schnellarbeitsstähle

Bezeichnung nach VDEh (W-Mo-V-Co)	Güteklasse	Werk- stoff Nr.	Chemische Zusammensetzung (Richtanalyse) in %							
			C	Si	Mn	Cr	Mo	V	W	Co
S 2-9-1	BMo 9	3346	0,80	0,25	0,25	3,8	8,50	1,2	1,75	—
S 6–5–2	DMo 5	3343	0,85	0,25	0,25	4,0	5,00	2,0	6,5	—
S 6–5–2–5	EMo 5 Co 5	3243	0,85	0,25	0,25	4,25	5,00	2,0	6,2	4,75
S 18–1–2–5	E 18 Co 5	3255	0,80	0,25	0,25	4,25	0,85	1,6	18,0	4,75
S 10–4–3–10	EW 9 Co 10	3207	1,25	0,25	0,25	4,25	3,50	3,2	10,0	10,0

querschnitte stehen außerdem Oxidkeramikplatten (zum Ausbohren)
und Diamanteinsätze (zum Feinstbohren) zur Verfügung. HSS-Wendelbohrer über 12 mm $\varnothing$ haben in der Regel einen angeschweißten Schaft
aus Baustahl.

Wichtig sind auch die Zusammenhänge zwischen Härte, erreichbarer
Schnittgeschwindigkeit v_{60} und Biegebruchfestigkeit σ_b der verschie-

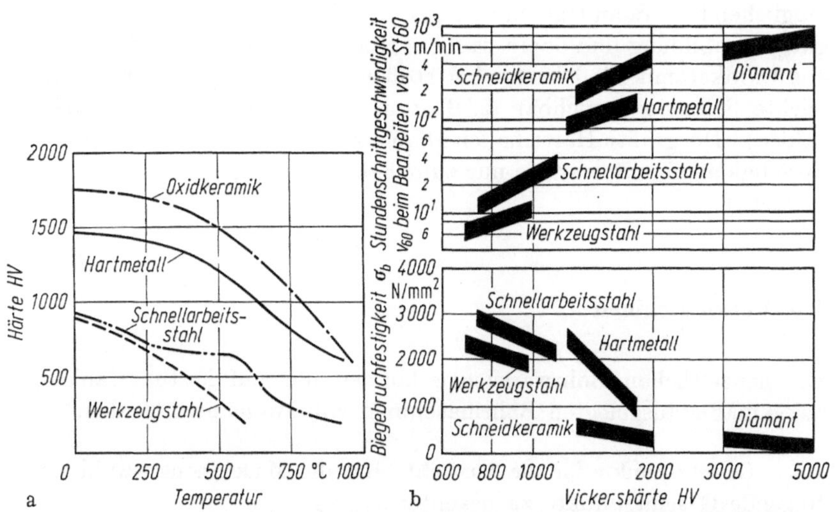

Bild 1.82. a) Vickershärte einiger Schneidstoffe, abhängig von der Schneidentemperatur
(760 HV = 62 HRC, 900 HV = 66,9 HRC);
b) Biegebruchfestigkeit einiger Schneidstoffe, abhängig von der Vickershärte und erreichbaren
Schnittgeschwindigkeit v_{60} (auf St 60).

denen Schneidstoffe (Bild 1.82b). Mit zunehmender Härte steigt zwar
v_{60}. Das hat aber ein mehr oder minder starkes Absinken der Biegebruchfestigkeit zur Folge. Das gilt auch für Wendeschneidplatten aus
Hartmetall, die mit Titannitrid beschichtet sind.
Oberflächenhärte und Standlänge eines HSS-Bohrers können — bei
ausreichender Grundhärte (nach DIN 1414 mindestens 760 HV) —
durch zusätzliche Oberflächenbehandlung, z. B. Badnitrieren und/oder
Dampfanlassen (schwarz oder farbige Bohrer), beachtlich erhöht werden (Bild 1.83).

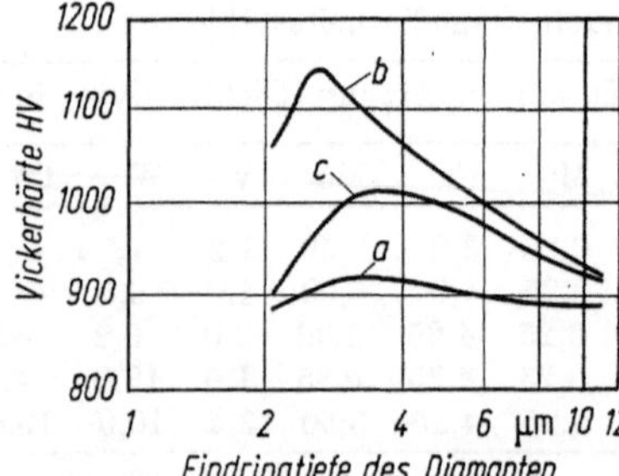

Bild 1.83. Fasenhärte von HSS-Wendelbohrern abhängig von der Oberflächenbehandlung. *a* ohne zusätzliche Behandlung (normal gehärtet und angelassen), *b*) zusätzlich nitriert, *c* zusätzlich nitriert und dampfangelassen.

Wendelbohrer mit hart eingelöteter Hartmetall-Schneidplatte oder aus
Vollhartmetall (zyl. bis 10 mm ⌀) sind nur in beschränktem Umfang
verwendbar, denn die Kräfteverhältnisse an der Querschneide und die
dort in jedem Fall vorhandene geringe Schnittgeschwindigkeit gestatten keine optimalen Arbeitsbedingungen. Um so wertvoller sind
Hartmetalle als Schneidstoff für alle übrigen Bohrwerkzeuge. Sie ermöglichen hohe Schnittgeschwindigkeiten, die bei geeignetem Vorschub
gute Spanbildung und damit saubere Oberflächen ergeben. Schneiden
aus Oxidkeramik sind hart, aber stoßempfindlich und daher nur für
leichte Schnitte brauchbar (z. B. zum Aufbohren mit hohen Drehzahlen). Die größte Härte haben Diamanten. Wegen ihrer besonderen
Sprödigkeit nimmt man sie nur zum Feinbohren (spiegelblanke Oberflächen!).

1.4. Bohrmaschinen

Die neuzeitlichen Bohrwerkzeuge können nur auf leistungsfähigen,
zweckmäßig ausgelegten Bohrmaschinen voll ausgenutzt werden.

1.4.1. Gesichtspunkte für die Auswahl. Bei der Maschinenauswahl sind
folgende Gesichtspunkte zu beachten:
a) *Spann- und Arbeitsbereiche* werden durch Werkstückgröße und
-gewicht sowie durch Lage und Länge der herzustellenden Bohrungen

46

bestimmt. Hiervon hängen auch die erforderliche Raumfreiheit und Ausladung der Maschine ab.

b) *Nennbohrleistung, Drehzahl- und Vorschubreihen* sind den am häufigsten zu bohrenden Werkstoffen und den vorzugsweise verwendeten Bohrerdurchmessern anzupassen. Als Grenzleistung der Maschine wird oft nur der größte zulässige Bohrerdurchmesser angegeben, z. B. bis 20 mm $\varnothing$ auf St 60. In vielen Fällen reicht das nicht aus. Wesentlich ist, welche maximalen Drehmomente und Vorschubkräfte übertragen bzw. aufgenommen werden können. Diese Angaben sind dann mit den Größen zu vergleichen, die unter den vorgesehenen Arbeitsbedingungen beim Bohren auftreten (Richtwerte in Bild 2.15 u. 2.16).

Beispiel: Größenabstufung von Radialbohrmaschinen (Raboma)

Modell	T_h	U_h	R_h	
Durchmesserbereich (St 60)	4···50	5···71	8···100	mm
Antriebsleistung	4,0	5,6	10	kW
Schnittleistung P_s	3,0	4,0	7,5	kW
max. Axialkraft F_v	10000	20000	30000	N
max. Drehmoment M_t	300	710	1400	Nm
Drehzahlbereich n	63···2800	22,4···1800	14···1400	U/min
Vorschübe s	0,06···0,5	0,06···0,8	0,08···0,8	mm/U

c) *Starrheit und Arbeitsgenauigkeit* beeinflussen die Bohrungsqualität. Anhand von Prüfkarten kann man jederzeit nachmessen, ob vorhandene Fehler, z. B. Schlag des Bohrspindelkegels oder die Aufbäumung der Bohrspindel gegenüber der Tischfläche, innerhalb der zulässigen Grenzen liegen [28].

d) *Bedienungselemente.* Einfache Handhabung und übersichtliche Anordnung der Bedienungselemente, nicht zuletzt mit Sicherung gegen Fehlschaltung und Überlastung, gewährleisten störungsfreies Bohren. Durch selbsttätige Steuerungen (z. B. bei Automaten und NC-Maschinen) wird der gesamte Arbeitsablauf erleichtert und beschleunigt.

e) *Einstellen auf Bohrungsmitte.* Je nach Zahl und Lage der Bohrungen eines Werkstücks sowie nach Fertigungsart (Einzel- oder Serienfertigung) kann das jeweilige Einstellen des Maschinentisches oder der Bohrspindel auf Bohrungsmitte (Positionieren) durch Bohrvorrichtungen, Sondereinrichtungen und vor allem durch numerische Steuerung wesentlich erleichtert werden.

1.4.2. Typenübersicht [29, 30]. Die mannigfaltigen Bohrmaschinentypen unterscheiden sich in erster Linie hinsichtlich der Spindelanordnung (senkrecht, waagerecht, ein- oder mehrspindlig), dem Standort (beweglich oder ortsfest), der Antriebsart und -weise (umlaufendes Werkzeug oder/und umlaufendes Werkstück) und der Bohrgenauigkeit (Produktionsmaschinen, Lehrenbohrwerke, Feinbohrmaschinen).

Hier können nur die wichtigsten handelsüblichen Typen kurz gekennzeichnet werden.

a) *Handbohrmaschinen* (Bild 1.84) haben elektrischen oder Druckluft-
Antrieb. Sie werden vorwiegend für kleinere Bohrungen in sperrigen
Werkstücken oder an schlecht zugänglichen Stellen sowie in Montage-
werkstätten verwendet. Der eingespannte möglichst kurze Bohrer
(„Stoßbohrer") wird mit der Hand auf das Werkstück aufgesetzt und
vorgeschoben. Zum Bohren von Mauerwerk sind Schlagbohrmaschinen
(mit eingebautem Schlaggetriebe) vorteilhaft.

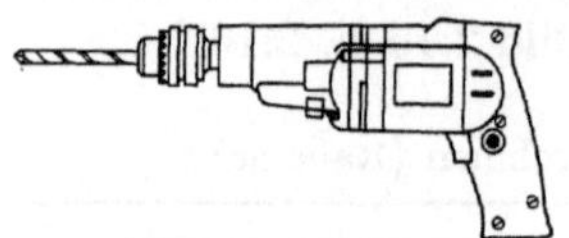

Bild 1.84   Zweigang-Handbohrmaschine   (AEG).
Antriebsleistung 0,21 kW, Drehzahl 800/1800 U/min
bis 10 mm $\varnothing$ in Stahl.

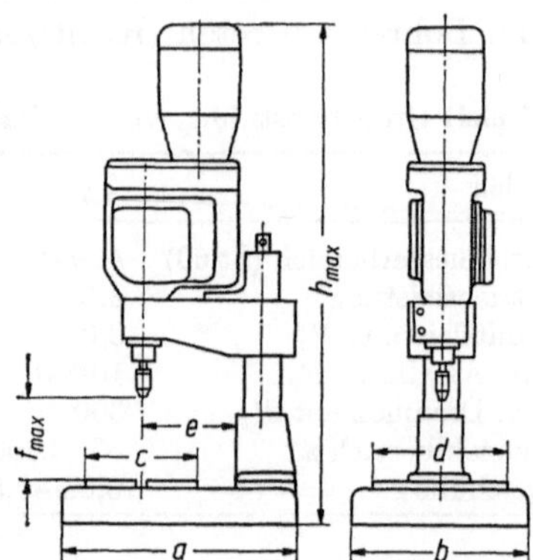

Bild 1.85.   Schema einer Tischbohrmaschine
(WEBO): Grundfläche $a \times b$; Aufspann-
fläche $c \times d$; Spindelhub f; Gesamthöhe h_{max}.

b) *Tischbohrmaschinen* (Bild 1.85). Diese kleinen ortsfesten, einspindeligen Senkrechtbohrmaschinen haben mittlere bis hohe Drehzahlen
(Schnellbohrmaschinen bis etwa 16000 U/min, stufenlos vorstellbar).
Sie sind überwiegend mit Handhebelvorschub ausgestattet, für kleine
genaue Bohrungen auch mit elastischem Feinvorschub, z. B. durch hydraulisches Anheben des Bohrtisches. Soweit automatischer Vorschub,
Betätigung oft mit Fußschalter; dann sind beide Hände frei zum
Halten und Auswechseln der Werkstücke. Aufstellen der Maschinen
meist auf durchlaufenden Werkbänken.

c) *Säulen- und Ständerbohrmaschinen* sind einzeln aufstellbare Senkrechtbohrmaschinen mit ortsfester Spindel. Wegen ihrer vielseitigen
Bauformen sind sie für viele Werkstätten unentbehrlich. Für kleine
und mittelgroße Bohrungen in leichte und mittelschwere Werkstücke
werden Säulenbohrmaschinen (Bild 1.86) bevorzugt. Tisch verstellbar
und schwenkbar (nicht abgestützt); Drehzahl gestuft oder stufenlos
(z. B. durch Reibradgetriebe) steuerbar; automatischer Vorschub
durch Rädergetriebe oder Vorschubkurve; Spannen des Werkstücks
auf Tisch oder Grundplatte (z. B. Flanschrohr).

Ständerbohrmaschinen (Bild 1.87) haben einen abgestützten, geführten
und mittels Spindel in der Höhe verstellbaren Tisch. Dieser Typ ist
auch für größere Bohrungen (bis etwa 70 mm $\varnothing$) und umfangreiche
Werkstücke geeignet. Dementsprechend haben die Maschinen dann

48

große Raumfreiheit und weite Ausladung. Sie werden auch mit verschiebbarem Bohrkörper und festem Tisch geliefert (Bild 1.88). Alle Typen werden — gegebenenfalls mit Vorrichtungen — in der Einzel- und Serienfertigung eingesetzt.

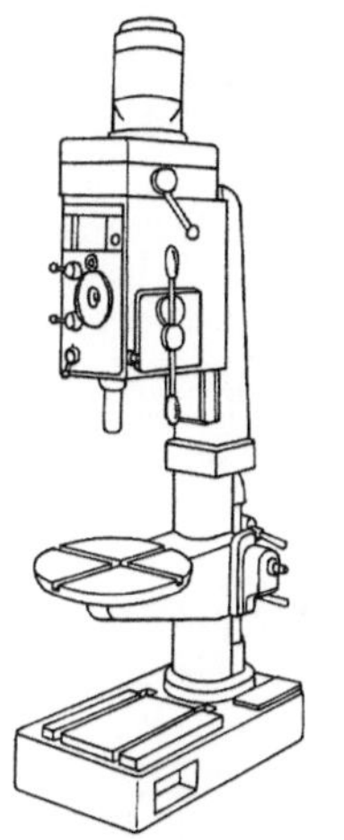

Bild 1.86. Säulenbohrmaschine (WEBO).

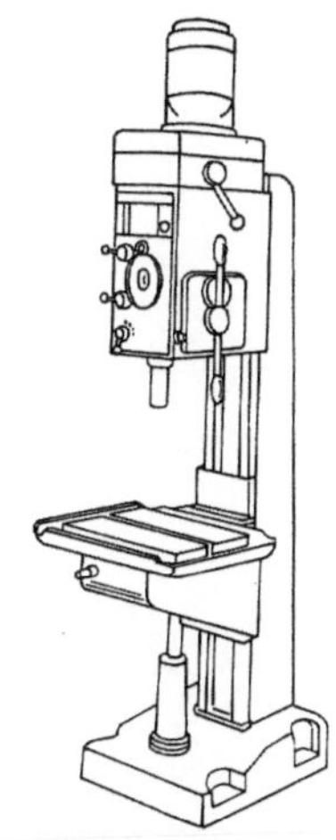

Bild 1.87. Ständerbohrmaschine (WEBO).

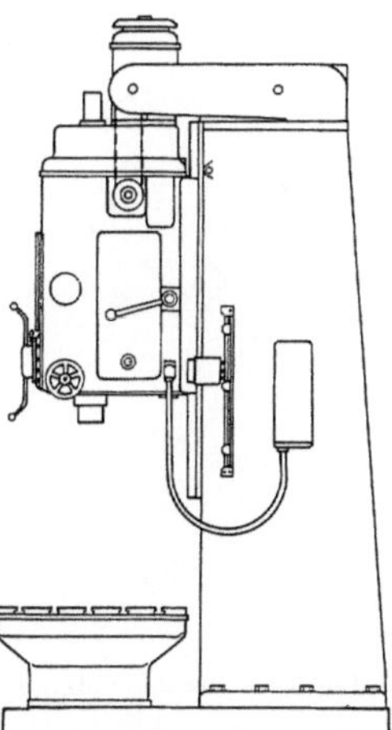

Bild 1.88. Große Ständerbohrmaschine (WEBO. mit verstellbarem Bohrkörper (Bohrschlitten)) Antriebsleistung 15 kW, Spindeldrehzahlen 16 bis 800 U/min (18 Stufen, Stufensprung, 1,26), bis 90 mm $\varnothing$ in Stahl.

d) *Reihenbohrmaschinen.* Mehrere kleinere Senkrechtbohrmaschinen können nebeneinander gestellt zu einer Reihenbohrmaschine zusammengefaßt werden, auch nach dem Baukastenprinzip (Bild 1.89). Die Werkstücke werden von einer Bohrspindel zur anderen weiter geschoben. Die Zahl der Spindeln deckt sich daher meist mit der Zahl der erforderlichen unterschiedlichen Bohrwerkzeuge. Für genaue Lochmittenabstände sind Vorrichtungen erforderlich.

e) *Radialbohrmaschinen* (Schwenkbohrmaschinen) (Bild 1.90) sind auch für große, schwere oder sperrige Werkstücke zu verwenden. Da der Bohrspindelschlitten auf dem schwenkbaren Ausleger schnell in jede Stellung gebracht werden kann, ist es möglich, alle Bohrungen eines (notfalls in eine Schwenkvorrichtung gespannten) Werkstücks in einer

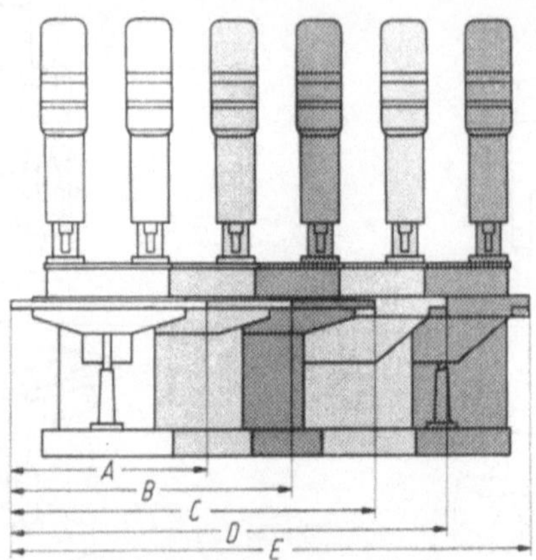

Bild 1.89. Reihenbohrmaschine (WEBO), nach dem Baukastensystem zusammengesetzt.

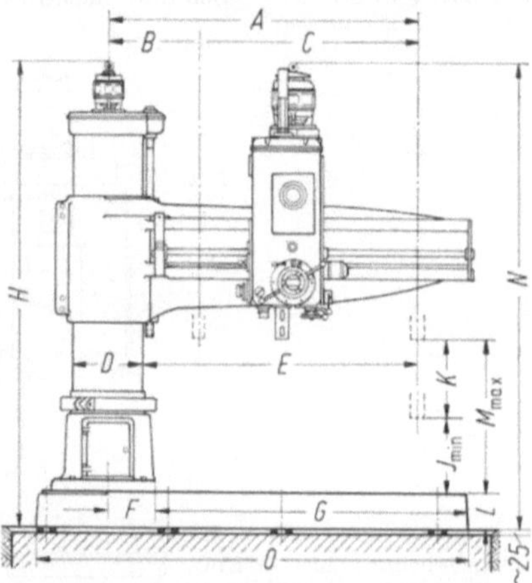

Bild 1.90. Radialbohrmaschine (Kolb). Gesamtansicht mit Hauptmaßen.

einzigen Aufspannung fertigzustellen. Verschiedenartige Spannmöglichkeiten auf Maschinentisch oder Grundplatte, z. B. pausenloses Arbeiten durch Verwenden von Mehrfach-Spannplatten (Bild 1.91). Daher für mehrere schwere Werkstücke ebenso wie Reihenfertigung vieler kleinerer Teile gut verwendbar. Auch lassen sich bei Benutzung großer Bohrvorrichtungen die meist langen Bohrstangen nach Schwenken des Auslegers mühelos in die Vorrichtung einführen und auswechseln.

f) *Mehr- und Vielspindelbohrmaschinen*. Bohrmaschinen mit mehreren Bohrspindeln werden in der Serienfertigung wirtschaftlich eingesetzt. Von den beiden Haupttypen sind die Gelenkspindelbohrmaschinen (Bild 1.92) mit seitlich verstellbaren Bohrspindeln ausgerüstet, die sich innerhalb eines bestimmten Arbeitsbereiches (Bild 1.93) auf jedes gewünschte

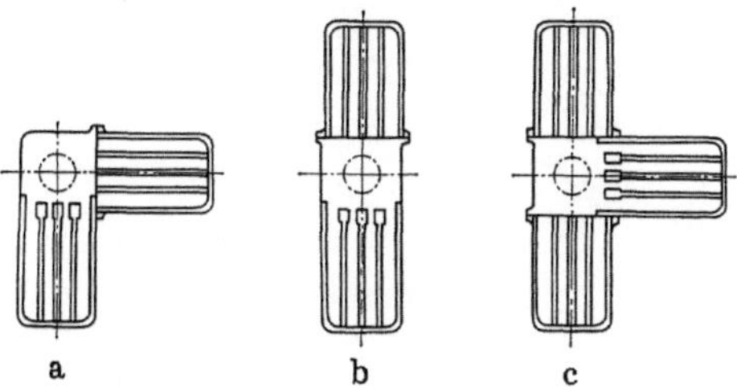

Bild 1.91. Grundplatten-Ausführungen: a) Winkelplatte; b) Doppelplatte; c) T-Platte.

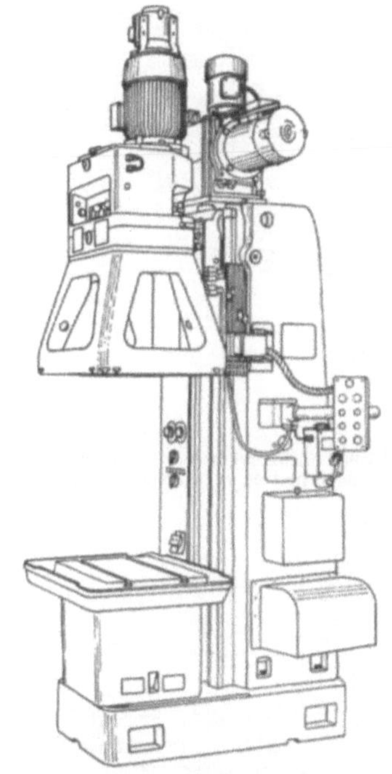

Bild 1.92. Gelenkspindelbohrmaschine (Hille).

Bohrbild einstellen lassen. Es können so mehrere Löcher in bestimmten Abständen gleichzeitig gebohrt werden. Bei Vielspindelbohrmaschinen mit starrem Bohrkopf sind eine große Anzahl Spindeln entsprechend dem Bohrbild ortsfest angeordnet. Dieser Typ ist daher nur für Großserien verwendbar.

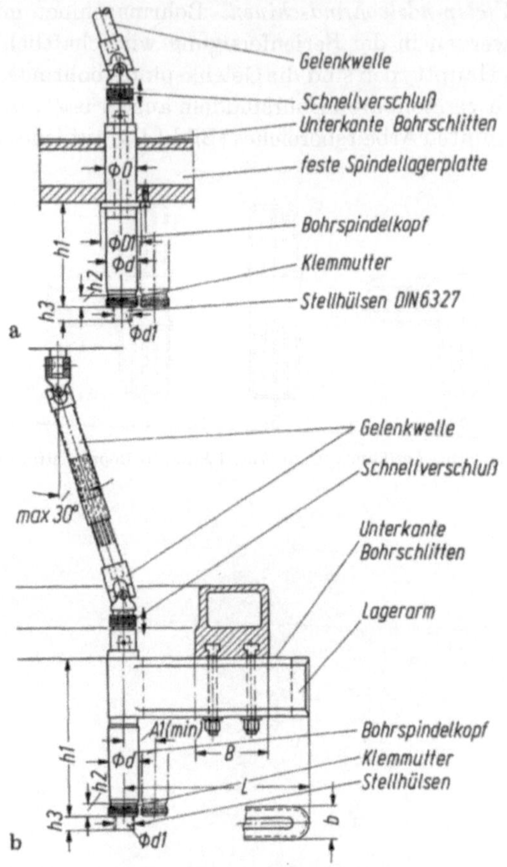

Bild 1.93. Stellbereiche der Gelenkspindeln.
a) mit fester Spindellagerplatte; b) mit verstellbarem Spindcllagerarm.

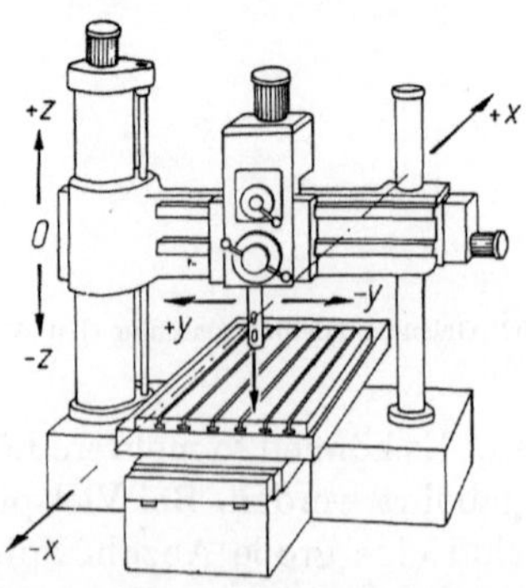

Bild 1.94. Koordinaten-Bohrmaschine (Schema). Verstellmöglichkeiten in drei Achsen:
± x (Maschinentisch), ±y (Bohrkopf), ±z (Pinole, vertikale Ausleerverschiebung ±0).

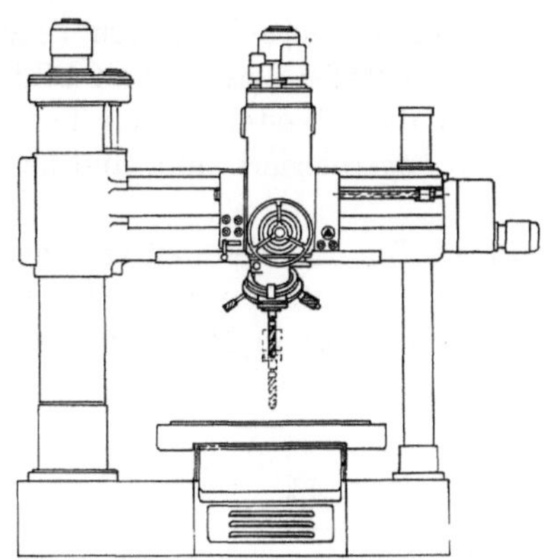

Bild 1.95. Koordinaten-Bohrmaschine mit Mehrfach-Werkzeugträger (Kolb).

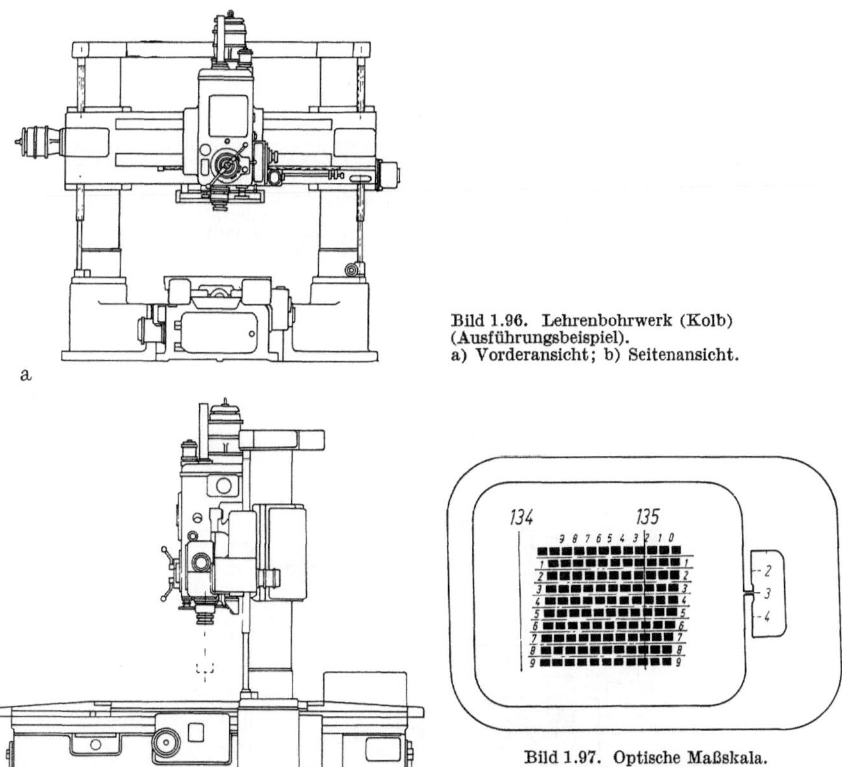

Bild 1.96. Lehrenbohrwerk (Kolb)
(Ausführungsbeispiel).
a) Vorderansicht; b) Seitenansicht.

Bild 1.97. Optische Maßskala.
Ablesebeispiel: 135,223 mm.

g) *Koordinaten- und Lehrenbohrmaschinen* [85] haben Spindel- und Werkstückschlitten, die nach dem Drei-Koordinatensystem ($+x$, $+y$, $+z$, Bild 1.94) genau auf Bohrungsmitte eingestellt werden können. Die Maßbestimmung erfolgt optisch oder elektrisch. Für schnellen Werkzeugwechsel wird sie auch mit Mehrfach-Werkzeugträger ausgeführt (Bild 1.95). Ein großes Lehrenbohrwerk zeigt Bild 1.96. Ein Ablesebeispiel des optischen Maßstabes enthält Bild 1.97. Diese Maschinentypen ermöglichen das Herstellen von Lehren und Vorrichtungen, deren Bohrungen eng toleriert sind, und zwar ohne Anreißen oder Bohrlehren.

h) *Sonder-Bohrmaschinen.* Von den weiteren verschiedenartigen Bohrmaschinentypen seien hier noch kurz erwähnt: Tieflochbohrmaschinen für BTA-Verfahren (Prinzipskizze in Bild 1.98); Feinbohrmaschinen

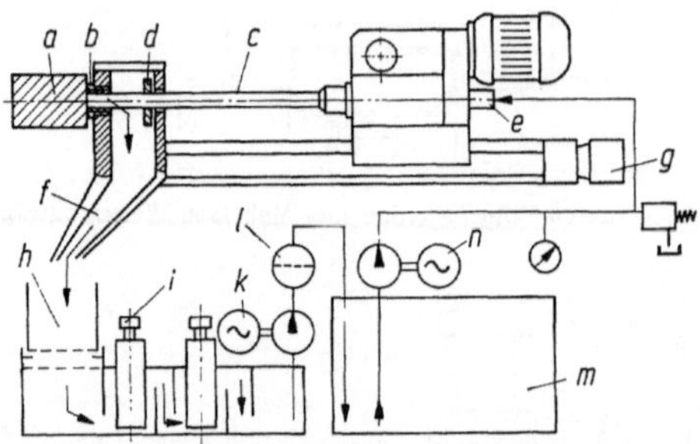

Bild 1.98. Prinzip einer Tieflochbohrmaschine (für Einlippenbohrer). Das umlaufende Werkzeug (c) bohrt das feststehende Werkstück (a) (vgl. Bild 1.12). Das erforderliche Schneidöl wird hierbei aus Behälter (m) von der Kühlmittelpumpe (n) gefördert und durch Anschluß (e) dem Rohrschaft des Werkzeuges (c) zugeführt. Abfluß von Kühlmittel und Spänen durch (f) in Spänekasten mit Grobsieb (h) und weiter in Auffangbehälter mit Magnetfiltern (i). Diesem entnimmt eine zweite Pumpe (k) das vorgereinigte Öl und pumpt es durch Feinsiebe in den Behälter (m) zurück. (b) und (d) Dichtungsbuchsen; (g) Vorschubantrieb.

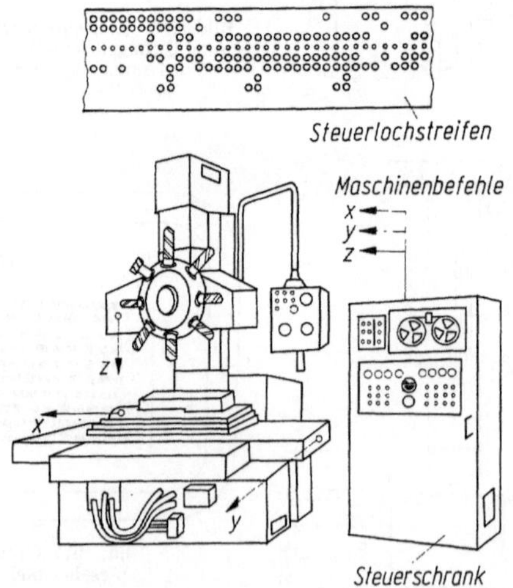

Bild 1.99. Schema einer numerisch gesteuerten Bohrmaschine.

zur Feinbearbeitung der Bohrungen z. B. in Pumpengehäusen; Bohrautomaten zur ein- und mehrspindligen Bearbeitung (auch kleiner Werkstückserien) für die Arbeitsgänge Bohren, Senken, Reiben, Tiefbohren (mit Ausspanen), Stufenbohren und Gewindeschneiden; numerisch gesteuerte (NC-) Bohrmaschinen (Bild 1.99); Tisch-Bohr- und Fräswerke für besonders große Werkstücke z. B. Gehäuse; Fertigungssysteme zum Bohren und Fräsen z. B. mit Magazin für 45 Werkzeuge und Tischgröße 2500×800 mm [70 u. 71], Bearbeitungszentren s. [86].

1.5. Werkzeugspanner

Guter Rundlauf und sicheres Arbeiten des Bohrwerkzeuges werden nur mit einwandfreien Spannzeugen erreicht. Die Antriebskraft kann durch Haftreibung (z. B. Kegelhülse) oder durch Festklemmen (z. B. Klemmbacken eines Futters) übertragen werden.

1.5.1. Spannhülsen. Bohrwerkzeuge und Bohrstangen mit Kegelschaft (Morsekegel oder Metr. Kegel) werden im Innenkegel der Bohrspindel aufgenommen, und zwar
a) entweder unmittelbar oder mit *Reduzierhülsen* DIN 2185 (Bild 1.100 a). Es ist jedoch nicht ratsam, mehr als zwei dieser Kegelhülsen

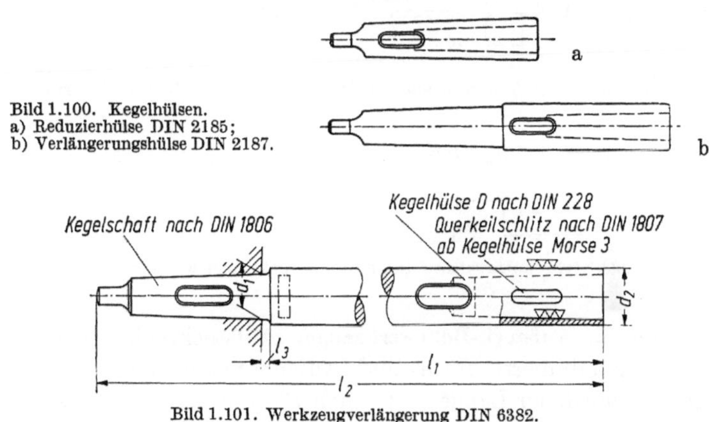

Bild 1.100. Kegelhülsen.
a) Reduzierhülse DIN 2185;
b) Verlängerungshülse DIN 2187.

Bild 1.101. Werkzeugverlängerung DIN 6382.

ineinander zu stecken. Sonst läuft das Werkzeug nicht genau genug.
b) In gleicher Weise verwendet man *Verlängerungshülsen* DIN 2187 (Bild 1.100 b). Für die Bearbeitung tiefliegender Bohrungen stehen ferner *Werkzeugverlängerungen* DIN 6382 (Bild 1.101) zur Verfügung. Ihr zylindrischer Schaftteil kann gegebenenfalls durch eine Führungsbuchse abgestützt werden. Angaben für Prüfung der Rundlaufgenauigkeit in DIN 6382, Blatt 2.
c) *Stellhülsen* DIN 6327 [31] ermöglichen das Einstellen der Werkzeuge auf bestimmte Bohrtiefe oder gleiche Wirklängen auch außerhalb der Maschine. Hierdurch werden die jeweiligen Werkzeugwechselzeiten gesenkt und die Bereitstellung der verschiedenen Bohrwerkzeuge vereinfacht. Man unterscheidet kurze, abgesetzte und lange Stell-

hülsen (Form *A*, *B*, *C* in Bild 1.102). Sie sind besonders wertvoll für Vielspindelbohrmaschinen und andere Sondermaschinen (z. B. Rundtisch- und Trommelmaschinen) mit teuren Stillstandszeiten.

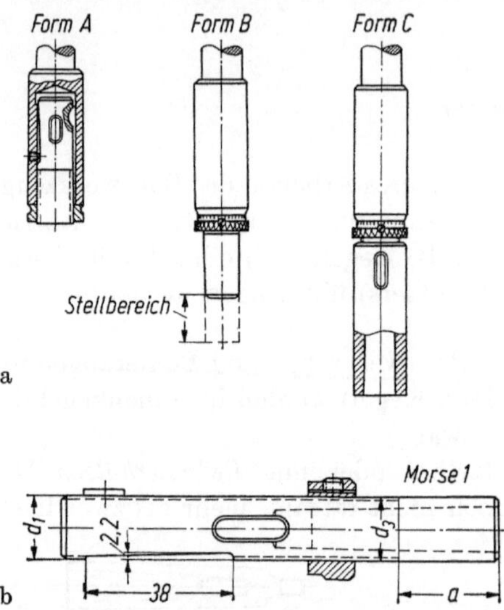

Bild 1.102. Stellhülsen. a) Formen (*A* kurz, *B* abgesetzt, *C* lang); b) Maße der Einsatzhülse.

Bild 1.103. Aufsteckhalter für genormte Senker und Reibahlen.

1.5.2. Halter für Aufsteck-Bohrwerkzeuge. Aufstecksenker und -reibahlen sowie kombinierte Form- und Stufenbohrwerkzeuge werden auf Haltern verschiedener Länge — je nach Form des Werkstücks — aufgenommen. Bei einfachen Haltern (Bild 1.103) wird das Werkzeug auf den kegeligen Aufnahmezapfen (Kegel 1:30) gesteckt und durch Lappen des Mitnehmerringes gegen Verdrehen gesichert. Bei Werkzeugwechsel läßt sich dieser durch eine Abdrückmutter verschieben, so daß sich das Werkzeug leicht löst. Für Formsenkungen verwendet man häufig Halter mit Anschlagmuttern für Tiefeneinstellung (Mitnahme des Werkzeugs durch Stifte, vgl. Bild 1.50). An der Typenverringerung der Werkzeughalterungen wird laufend gearbeitet [79].

1.5.3. Bohrfutter mit Spannbacken. Zum Spannen von Bohrwerkzeugen mit Zylinderschaft benutzt man Backenfutter und Patronenfutter. Kurze Werkzeugwechselzeiten sind mit Schnellwechselfuttern zu erreichen.

a) *Zweibacken-Bohrfutter* (Bild 1.104). Diese einfache Ausführung eines selbstzentrierenden Backenfutters ist mit zwei Spannbacken ausgerüstet, die gezahnt sind und ineinander greifen. Gespannt wird durch Verstellen einer seitlich gelagerten Spindel mittels Vierkantschlüssel. Auch zwangläufige Übertragung des Drehmomentes ist möglich durch zusätzliche Mitnehmerbacken, die oft mit einer zweiten Spindel verstellbar sind. Aufnahme in der Maschine erfolgt mit Bohr-

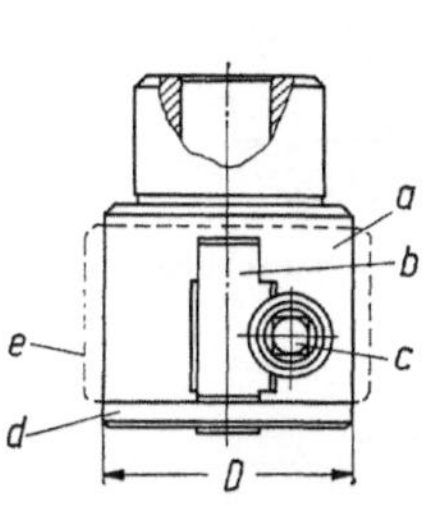
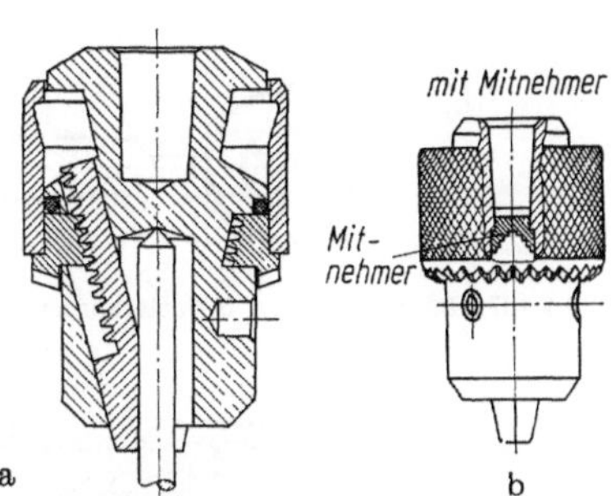

Bild 1.104. Zweibacken-Bohrfutter.
a Körper, *b* Spannbacken,
c Spindel, *d* Ring, *e* Schutzhülse.

Bild 1.105. Selbstzentrierende Dreibacken-Bohrfutter.
a) Normalausführung DIN 6349 mit Spannschlüssel;
b) Ausführung mit Mitnehmer (Röhm).

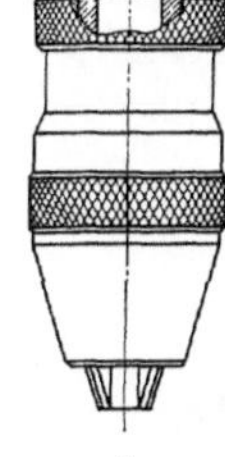
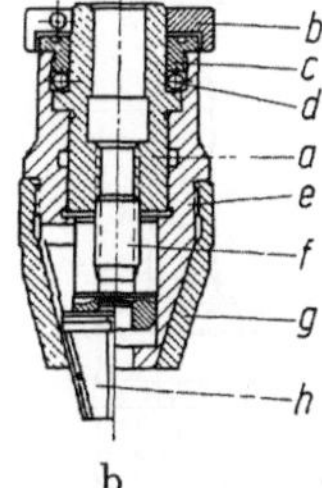

Bild 1.106. Schnellspannfutter (Röhm).
a) Gesamtansicht; b) Bauelemente:
a Körper, *b* Haltering, *c* Druckring,
d Kugeln, *e* Backenhalter, *f* Mitnehmer,
g Konushülse, *h* Spannbacken.

futterkegelschaft DIN 238. Diese Futter sind auch mit Schutzhülse (entsprechend den Richtlinien der Berufsgenossenschaft) lieferbar.

b) *Dreibacken-Bohrfutter mit Zahnkranz* DIN 6349 (Bild 1.105a). Mit einem gezahnten Spannschlüssel wird die Hülse des Bohrfutters gedreht. Dabei verschieben sich die drei schräg liegenden Spannbacken konzentrisch und klemmen den Werkzeugschaft mit ihren schneidenartigen Spannflächen fest. Für größere Werkzeugdurchmesser (über 8 mm) Ausführung mit zwangläufigem Mitnehmer (Bild 1.105b).

c) *Schnellspannfutter* (Bild 1.106). Diese Dreibacken-Bohrfutter spannen das Werkzeug unter Einwirkung der beim Bohren auftretenden Kräfte selbsttätig nach. Es kann daher ohne Schlüssel schnell und ohne Kraftanstrengung eingespannt werden. Durch eine kurze gegenläufige Drehung der gekordelten Spannhülse wird das Futter wieder gelöst; der Bohrer kann dann ausgewechselt werden.

1.5.4. Bohrfutter mit auswechselbaren Spannpatronen (Bild 1.107)
werden für Bohrungen, die genau laufen sollen, verwendet. Der
Zylinderschaft des Bohrers wird hierbei durch eine geschlitzte kegelige
Spannbuchse im Futterkörper zentriert und durch eine Überwurf-
mutter festgespannt. Für jeden Durchmesser ist eine besondere Buchse
nötig. Anwendung erfolgt daher überwiegend in der Serienfertigung.
Ein ähnliches Patronenfutter (Bild 1.108) ist zum Bohren mit kleiner
Auskraglänge (stub-drilling) geeignet.

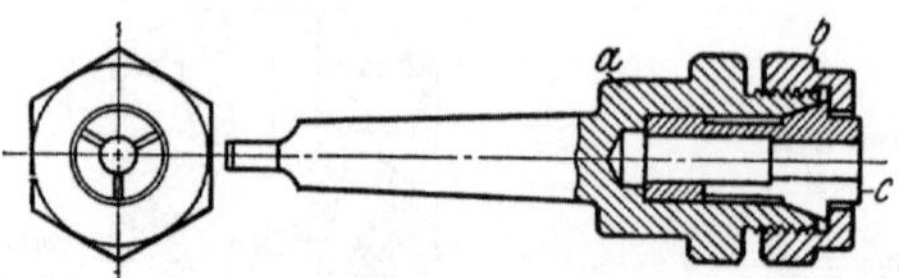

Bild 1.107. Patronenfutter. *a* Futterkörper, *b* Überwurfmutter, *c* geschlitzte Spannpatrone.

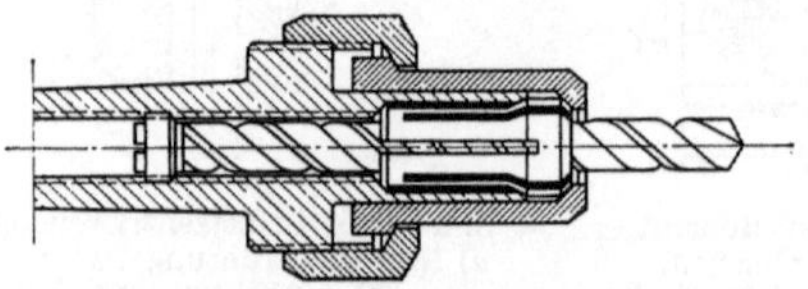

Bild 1.108. Kurzspann-Patronenfutter.

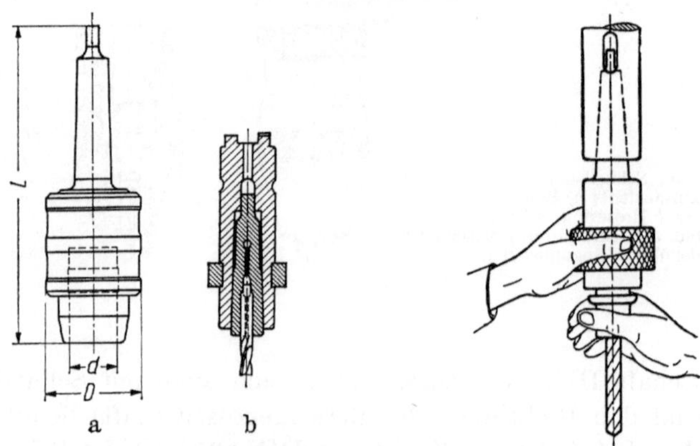

Bild 1.109. Schnellwechselfutter (Röhm).   Bild 1.110. Bedienung des Schnellwechselfutters.
a) Gesamtansicht; b) Einsatzhülse.

1.5.5. Schnellwechselfutter (Bild 1.109). Zur pausenlosen Durchfüh-
rung verschiedener aufeinander folgender Arbeitsgänge (z. B. Bohren,
Aufbohren, Reiben, usw.) sind Schnellwechselfutter mit Werkzeug-
einsätzen [32] vorteilhaft. Für jedes Werkzeug ist ein Einsatz vorgesehen. Bohrer mit Kegelschaft können unmittelbar aufgenommen
werden, für zylindrische Werkzeuge sind zusätzlich Klemmhülsen
DIN 6328/29 erforderlich). Beim Bohren wird der Einsatz mit einer
Hand in das Schnellwechselfutter eingeführt. Beim weiteren Vor-
schieben synchron in Drehrichtung gebracht gleitet er dann schlag-

frei in die wendelförmig geschliffene Mitnahme hinein. Zum Auswechseln der Einsätze wird die Kupplungshülse kurz angehoben (Bild 1.110). Ein Auswerferbolzen stößt dann den Einsatz aus der Mitnahme und das Werkzeug kann gefahrlos herausgenommen werden.

1.5.6. Spannfutter mit Kühlmittelanschluß (Ölfutter). Wendelbohrer mit Innenkanälen für die Schneidflüssigkeit (Ölkanälen) werden in besonderen Spannfuttern aufgenommen, die einen Kühlmittelanschluß besitzen. Eine derartige Ausführung [33] ist in Bild 1.111 dargestellt.

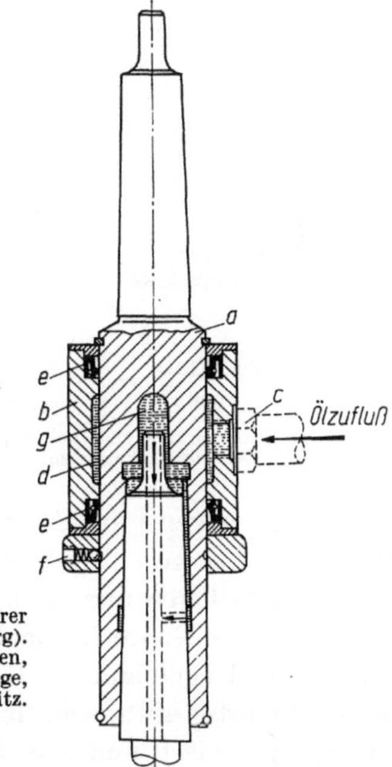

Bild 1.111. Schema eines Spannfutters für Bohrer mit innerer Ölzuführung (Rohde & Dörrenberg). *a* Futterkörper, *b* Laufbuchse, *c* Anschlußstutzen, *d* Aussparung für Kühlmittel, *e* Dichtungsringe, *f* Anschlagring für Kugelraste, *g* Austreibschlitz.

Der Bohrer wird in dem Innenkegel des Futterkörpers aufgenommen. Auf diesem ist eine unverdrehbar festgehaltene, abgedichtete Laufbuchse angeordnet, die den Anschlußstutzen für die Schneidflüssigkeit trägt und verschiebbar gelagert ist. Sie besitzt außerdem eine den Austreibschlitz umgebende ringförmige Aussparung, durch die das Kühlmittel den Innenkanälen des Bohrers zufließen kann. Beim Auswechseln des Werkzeuges wird die Buchse verschoben, wobei sie dann den Austreibschlitz freigibt.

1.6. Maschinen und Einrichtungen zum Instandhalten der Bohrwerkzeuge

Gutes Instandhalten und sorgfältiges Prüfen der Bohrwerkzeuge vor dem Einsatz sind die Vorbedingungen für hohe Bohrleistungen und genaue Bohrungen. Richtiger, gleichmäßiger Spitzenanschliff [34] wird nur auf geeigneten Maschinen oder Schleifvorrichtungen erreicht.

1.6.1. Wendelbohrer-Spitzenschleifmaschinen [35] haben folgende Forderungen zu erfüllen: richtige Formgebung der Freifläche, zentrische Lage des Anschliffs, einfache Bedienung, hohe Leistung (geringe Schleifkosten je Werkzeug) und leichte Kontrolle des Anschliffs (auch bei kleinen Bohrern).

Eine Reihe von Spitzenschleifmaschinen spannen den Bohrer nahe der Spitze in zwei verstellbaren Klemmbacken (Bild 1.112) und stützen

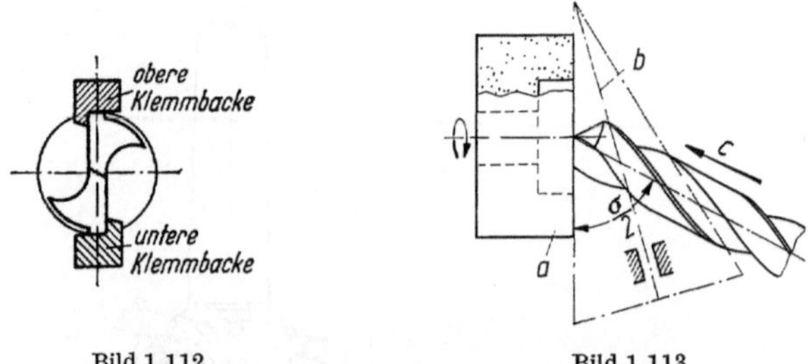

Bild 1.112   Bild 1.113

Bild 1.112. Spannen mit zwei Klemmbacken.

Bild 1.113. Schleifprinzip einer Wendelbohrer-Spitzenschleifmaschine mit Schwenkbewegung des Bohrers. *a* Schleifscheibe, *b* Schwenkachse, *c* Zustellung in Richtung Bohrerachse.

ihn nach hinten gegen eine Spitze ab. Die ganze Haltevorrichtung wird um eine Achse geschwenkt (Bild 1.113). Der Wendelbohrer berührt die Schleifscheibe nur in der Waagerechten. Diese Gerade ist die Erzeugende der Bohrerfreifläche. Die angeschliffene Fläche wird somit Teil eines Kegelmantels (Kegelmantelschliff). Sobald die eine Hauptschneide fertig hinterschliffen ist, wird die Bohrerstellung durch einen Anschlag fixiert und die Bohrerspitze aus dem Bereich der Schleifscheibe gebracht. Nach Drehung um 180° wird sie dann zum Hinterschleifen der zweiten Hauptschneide stufenweise bis zum Anschlag wieder vorgeschoben. Dieses Schleifen auf Umschlag sichert den symmetrischen Spitzenanschliff. Eine pendelnde Schleifbewegung der Schleifscheibe (durch Flüssigkeitsgetriebe) führt zu gleichmäßiger Schneidenabnutzung. Die Größe des Schleifhubes ist beliebig einstellbar. Beim Umspannen ist die Scheibe außer Eingriff. Die Schwenkbewegung des Bohrers kann anstatt von Hand auch hydraulisch betätigt werden. Reichliche Kühlmittelzufuhr (meist Emulsion) verhindert das Ausglühen der Schneiden.

Andere Maschinentypen arbeiten ohne Umspannen des Bohrers. So ist z. B. beim Schleifverfahren nach Bild 1.114 für die Relativbewegung der Bohrerschneiden zur Schleifscheibe ein besonderes Planetengetriebe vorgesehen. Das wechselseitige Anschleifen der beiden Schneiden wird hier dadurch erreicht, daß der Bohrer selbst $1\frac{1}{2}$ Umdrehungen aus-

führt, während sich der Spannkopf nur genau einmal um die Kegel-
achse dreht. Auf diese Weise kommen die Freiflächen der Hauptschneiden abwechselnd in Eingriff bis der Spitzenanschliff vollendet
ist.

Für dreischneidige Bohrwerkzeuge läßt sich das Getriebe umschalten
auf $1^1/_3$ Umdrehungen des Bohrers (je Spannkopfumdrehung) [35].
Das Kühlmittel wird durch die Hohlspindel der Maschine unmittelbar
in die Schleifscheibe geleitet. Es tritt dann infolge der Fliehkraft an

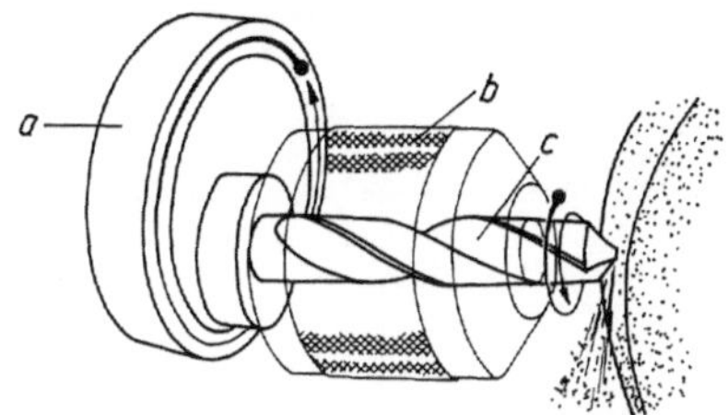

Bild 1.114. Arbeitsweise einer kontinuierlich arbeitenden Spitzenschleifmaschine mit Planetengetriebe (CAWI). Bei jeder vollen Umdrehung des Getriebekopfes a führt das Spannfutter b mit
dem Bohrer c $1^1/_2$ Umdrehungen aus. Durch dieses Voreilen wechselt nach jedem Durchgang die
zu schleifende Schneidlippe und es entsteht zwangläufig ein zentrischer Anschliff.

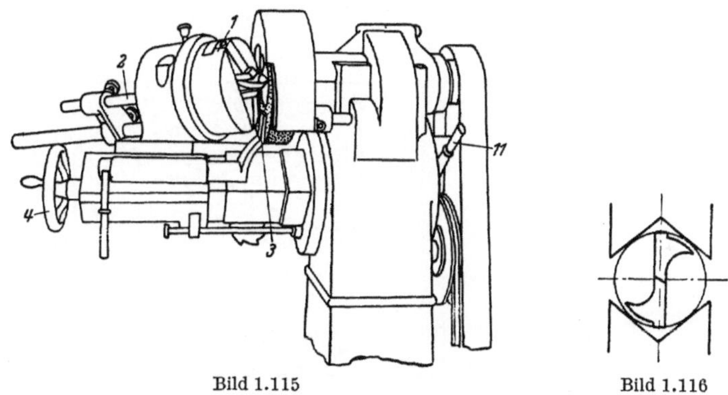

Bild 1.115   Bild 1.116

Bild 1.115. Automatische Spitzenschleifmaschine (Oliver).

Bild 1.116. Prismenspannung (Futter oder Spannzange).

ihrem Umfang als Sprühnebel aus. Zusatzeinrichtungen ermöglichen
Ausspitzungen und verschiedene Sonderanschliffe. Spannen des Bohrers in Futter auf den geschliffenen Fasen (zyl. Bohrer) oder in Morse-
kegelaufnahme.

Zum Herstellen des bereits erwähnten Anschliffs mit hohl ausge-
schliffener Mittelschneide (Oliver-Anschliff) dient die in Bild 1.115
gezeigte automatische Spitzenschleifmaschine. Spannen des Bohrers
erfolgt im Futter mit zwei prismenförmigen Spannbacken (Bild 1.116)
und zusätzlicher Gegenspitze. Das Spannfutter dreht sich abhängig von
der Schleifscheibenbewegung. Die Schleifachse bewegt sich in axialer
Richtung auf den Bohrer zu und führt gleichzeitig eine Planeten-
bewegung aus. Auf diese Weise wird die Bohrerschneide anfangs über

die ganze Breite geschliffen, während in der Endstellung die Bohrerspitze über die Schleifscheibe hinausragt (Bild 1.117). Dadurch wird
die Querschneide weniger tief geschliffen als die übrige Freifläche. Der
Schleifvorgang läuft automatisch, nur Zustellung ist erforderlich.
Spitzenschleifmaschinen für kleine Bohrer (z. B. 0,3···6,5 mm ⌀) werden z. T. mit einer Projektionseinrichtung ausgerüstet (Bauart Tatar).
Ein kratzfestes Anschlagglas ermöglicht es, das Bild der Bohrerspitze

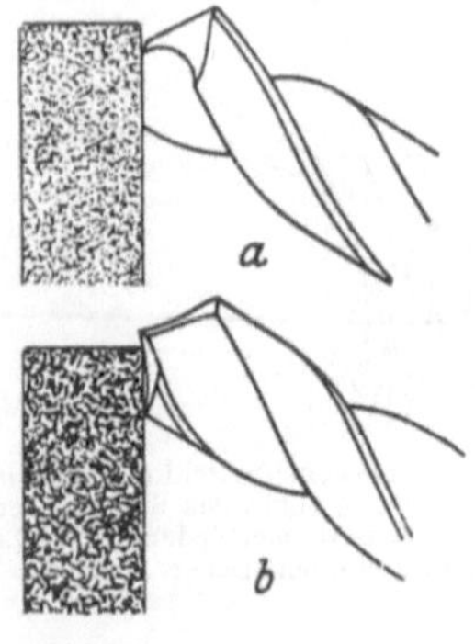

Bild 1.117. Arbeitsweise der Oliver-Maschine.
a) Anfangsstellung der Bohrerschneide;
b) Bohrerspitze ragt in Endstellung über die
Schleifscheibe hinaus.

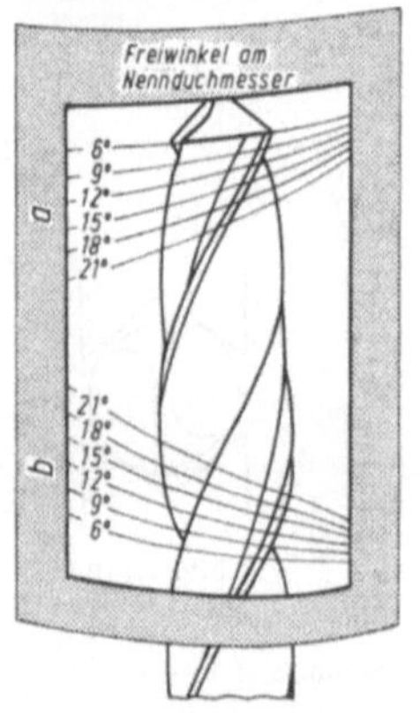

Bild 1.118. Freiwinkelmessung
mit Klarsichtschablone (Stock).
a) für rechts-; b) für linksschneidende
Bohrer.

Bild 1.119. Messen des Querschneidenwinkels (Stock).

stark vergrößert auf eine Mattscheibe zu projizieren, so daß der Bohrer
in richtiger Schleiflage ausgerichtet und festgespannt werden kann.
Für größere Bohrer sind andere Prüfmöglichkeiten des Spitzenanschliffs
gegeben, z. B. durch Blechschablonen oder Schablonen aus biegsamer
Klarsichtfolie (Bilder 1.118 und 1.119).

1.6.2. Schleif- und Prüfeinrichtungen für Einlippenbohrer [17]. Einlippenbohrer sollen nachgeschliffen werden, wenn die Abstumpfungs-
fase in etwa 0,1 mm breit ist. Handanschliff führt zu keinem befriedi-
genden Ergebnis. Mit einer verhältnismäßig einfachen Spannvorrich-

tung erhält man stets einen gleichmäßigen guten Spitzenanschliff. Ein Ausführungsbeispiel ist in Bild 1.120 gezeigt. Der Bohrer wird in eine V-förmige Nute des Aufnahmekörpers gelegt und gegen einen Anschlag gedrückt. Dieser Aufnahmekörper liegt schräg zur Waage-

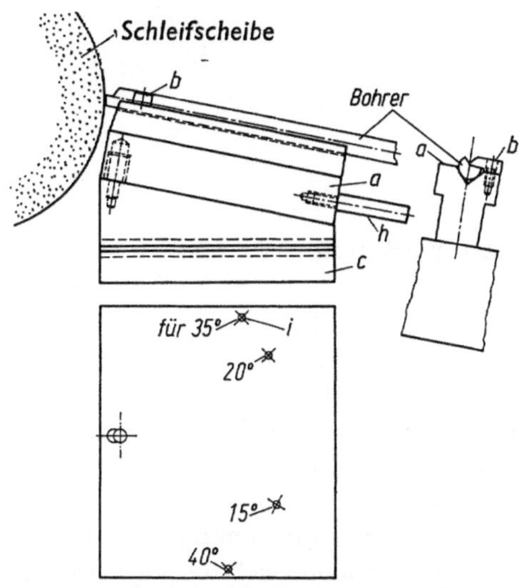

Bild 1.120. Schleifeinrichtung für Einlippenbohrer. Spannvorrichtung zum Anschleifen von Einlippenbohrern. *a* Spannbock (drehbarer Oberteil mit Auflagerinne für den Bohrer), *b* Anschlag, *i* Anschlagstifte für verschiedene Einstellwinkel, *h* Handgriff zum Schwenken von *a*.

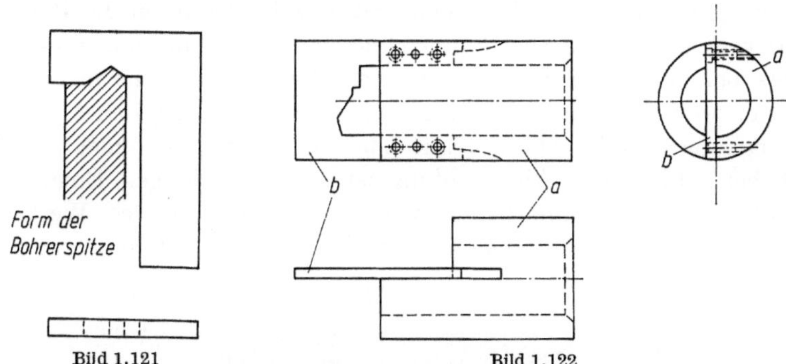

Bild 1.121. Blechlehre für Spitzenkontrolle des Einlippenbohrers.

Bild 1.122. Spitzenlehre mit Zentrierring für Einlippenbohrer. *a* Zentrierring (Hülse läßt sich passend auf Bohrer aufschieben), *b* Blechlehre für Spitzenform (in Nut eingesetzt, eine Fläche genau auf Bohrermitte).

rechten, entsprechend dem richtigen Freiwinkel und kann mit einem Handgriff um einen Zapfen geschwenkt werden. Für die verschiedenen Einstellwinkel sind Anschlagstifte vorgesehen, die die Schwenkbewegung begrenzen.

Eine einfache Blechlehre (Bild 1.121) ermöglicht das Nachprüfen der Spitzenwinkel. Für genauere Prüfung werden Lehren mit Zentrierring (Bild 1.122) verwendet, vorzugsweise bei größeren Durchmessern.

2. Wirtschaftliches Bohren

2.1. Bohrbarkeit der Werkstoffe

2.1.1. Einflußgrößen [36]. Die Bohrbarkeit eines Werkstoffs hängt in erster Linie von seiner Festigkeit (Zugfestigkeit, Brinellhärte), Dehnung und Gefügeausbildung ab. Mit steigender *Festigkeit* erhöhen sich Schnittdruck und Temperatur in der Kontaktzone zwischen Werkzeug und Werkstück; zugleich wächst die Schneidenbeanspruchung. Große *Dehnung* erschwert das Bohren, weil die Späne stärker gestaucht werden. Auch neigen sie dann oft zum Kleben an den Schneiden und Aufsetzen auf die Fasen. Es bilden sich die sogenannten Aufbauschneiden. Die Bohrung wird unsauber, der Spanablauf gestört. Ebenso kommt es vor, daß der Werkstoff vor der Schneide ausweicht. Diese kann den Span nicht abtrennen und rutscht, wodurch die Bohrstelle kaltverfestigt wird. Die Bohrerschneiden sind infolgedessen — besonders bei hochlegierten austenitischen Stählen — nicht mehr in der Lage, weiter in den Werkstoff einzudringen. Typisches Beispiel: Manganhartstahl. Abhilfe: mit zügigem Vorschub immer am Span bleiben. Plötzliche Abstumpfung ist sonst die Folge. Eine weitere Einflußgröße ist die *Gefügeausbildung* (Bild 2.1) des Werkstoffs. Durch Wärmebehandlung (Glühen, Vergüten) [37] und zusätzliche

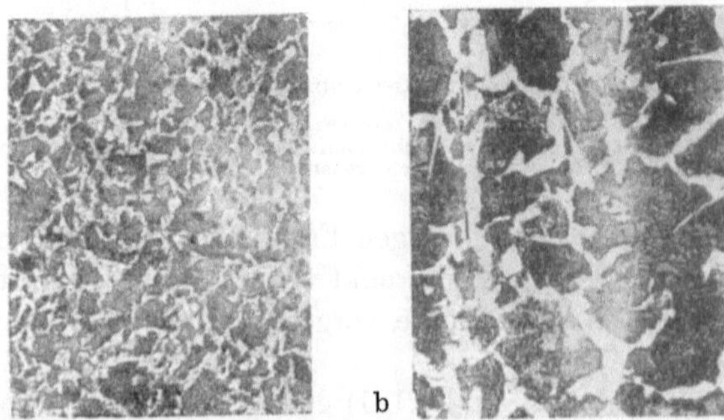

Bild 2.1. Gefüge von Stahl gleicher Festigkeit (C 60) bei verschiedener Wärmebehandlung. a) Anlieferungszustand (vergütet): dicht mit körnigem Perlit; b) nachbehandelt (geglüht und im Ofen langsam abgekühlt): grobes Ferrit-Perlit-Netz mit lamellarem Perlit.

Legierungsbestandteile (Tabelle 2.1) kann sie zugunsten besserer Bohrbarkeit beeinflußt werden. So führen z. B. Zusätze von Schwefel, Blei oder Phosphor zu Bröckelspänen, während sich andere Bestandteile negativ auswirken. In manchen Fällen z. B. bei Baustählen kann man durch Glühen bei bestimmten Temperaturen und nachfolgendes, langsames Abkühlen eine grobkörnige Gefügestruktur hervorrufen (kurzbrüchige Spanlocken), was das Bohren erleichtert. Bei hochlegierten Stählen andrerseits wird die unangenehme Klebneigung durch Vergüten auf höhere Festigkeit (mindestens 1200 N/mm²) wesentlich abgeschwächt [38, 39].

Tabelle 2.1. Einfluß der Legierungsbestandteile auf Bohrbarkeit und Verwendbarkeit eines legierten Stahles

Legierungs-bestandteil	Kurz-zeichen	Bohrbarkeit (+) verbessert (−) erschwert	mit steigendem Anteil erreichte Eigenschaften
Aluminium	Al	(−) erhöhter Schnittwiderstand, Klebneigung	erhöhte Zunderbeständigkeit, Gefügeverfeinerung
Chrom	Cr	(−) Klebneigung, rauhe Schnittfläche, verminderte Wärmefähigkeit	Verschleißwiderstand, passive Oberflächenschicht, erhöhte Warmfestigkeit
Kobalt	Co	(−) Klebneigung, rauhe Schnittfläche	Korrosionsschutz, Widerstand gegen Formänderung, Warmfestigkeit
Kohlenstoff	C	(−) erhöhter Verschleiß- und Verformungswiderstand, verminderte Klebneigung	erhöhte Formänderungsfestigkeit, verminderte Zunderbeständigkeit und Zähigkeit
Kupfer	Cu	(−) Klebneigung und Oberflächenrauhigkeit	erhöhte Zähigkeit und Warmfestigkeit, verbesserter Korrosionswiderstand
Mangan	Mn	(−) starker Schneidenverschleiß	hohe Verfestigung und Dauerfestigkeit (Austenitbildung)
Molybdän	Mo	(−) erhöhter Verschleiß, verminderte Wärmeleitfähigkeit	Reaktionsträgheit, Warm- und Verschleißfestigkeit, verbesserte Zähigkeit
Nickel (Niob vgl. Titan)	Ni	(−) erhöhter Schnittwiderstand, verminderte Wärmeleitfähigkeit	erhöhter Korrosionswiderstand, Warmfestigkeit, verbesserter Formänderungswiderstand (Austenitbildung)
Phosphor	P	(+) kurzbrüchige Späne, verminderte Klebneigung	bessere Zerspanbarkeit

Fortsetzung nächste Seite

Tabelle 2.1. (Fortsetzung)

Legierungs-bestandteil	Kurz-zeichen	Bohrbarkeit (+) verbessert (−) erschwert	mit steigendem Anteil erreichte Eigenschaften
Schwefel	S	(+) lockeres Gefüge, Schmierwirkung der Sulfide	bessere Zerspanbarkeit, Empfindlichkeit gegen hohe Festigkeitsbeanspruchung
Silizium	Si	(−) erhöhter Werkzeugverschleiß	Zunderbeständigkeit, bessere Verschleißfestigkeit
Stickstoff	N	(−) erhöhte Klebneigung (Bandspäne) und Schneidenverschleiß	höhere Warmfestigkeit, verbesserte Schweißbarkeit
Titan (Niob	Ti Nb)	(−) erhöhter Schnittwiderstand, Klebneigung, Verschleißzunahme	passive Oberfläche auch bei Erwärmung, bessere Schweißbarkeit
Wolfram	Wo	(−) Verschleißzunahme, erhöhter Schnittwiderstand (dichtes Gefüge	erhöhte Warm- und Verschleißfestigkeit, verbesserte Zähigkeit
Vanadin	V	(−) Verschleißzunahme, Klebneigung, erhöhter Schnittwiderstand	erhöhter Verschleißwiderstand, Warmfestigkeit

Tabelle 2.2. Wärmeleitfähigkeit verschiedener Werkstoffe bei 20 °C[1]

Werkstoff	Wärmeleitfähigkeit λ	
	$\dfrac{W}{m\,°C}$	in % relativ zu Stahl mit 0,2% C
Kupfer	393	786
Aluminium (99,5)	221	442
Messing CuZn 10 (Rottombak)	110	220
Messing CuZn 28 (Gelbtombak)	92	184
unleg. Stahl (0,2% C)	50	100
unleg. Stahl (0,6% C)	46	92
Monelmetall (28% Cu/67% Ni/5% Fe)	25	50
rostfreier Stahl (18% Cr/8% Ni)	21	42
austenitischer Federstahl (17% Cr/7% Ni)	15	30
Marmor	2,8	5,6
Kunststoff PVC	0,17	0,34

[1] nach VDI-Wärmeatlas 1974 (Einheiten vgl. Seite 2)

Eine Eigenart des Bohrens besteht darin, daß das Werkzeug — je nach Tiefe der Bohrung kürzer oder länger — in einem geschlossenen Raum arbeitet. Dadurch wird (anders als beim Drehen) das Abführen der Zerspanungswärme erschwert. Infolgedessen ist auch die Wärmeleitfähigkeit des zu bohrenden Werkstoffs (Tabelle 2.2) von Bedeutung. Die Bohrbarkeit eines Werkstoff kann durch eine kurze Bohrprobe festgestellt werden. Hierbei werden bei üblichen Schnittbedingungen (Richtwerte vgl. Abschnitt 2.3.1) Spanbildung, Schneidenzustand und Qualität der Bohrung beobachtet. Nähere Angaben im Versuchsprotokoll (Schema in Tabelle 2.3).

Tabelle 2.3. Schema eines Versuchsprotokolls (Bohrprobe zur Feststellung der Bohrbarkeit)

A. Versuchsbedingungen
1. Werkstoff (Bezeichnung, Zusammensetzung, Härte oder Zugfestigkeit)
2. Werkzeug (Wendelbohrertyp, Schneidstoff, Abmessung, Härte)
3. Arbeitsbedingungen (Maschinentype, Bohrtiefe, Drehzahl/Schnittgeschwindigkeit, Vorschub)

B. Prüfergebnis
1. Spanbildung
   a) Form (kurzspanend: kurzbrüchig, Spiralen oder Locken; langspanend: Bandspäne, Wirrspäne)
   b) Spanstauchung (gleichmäßig/ungleichmäßig, gering/groß)
2. Schneidenzustand (betriebsscharf, ohne Ausbrüche, keine Aufbauschneiden; leicht/stark abgestumpft, ausgebröckelt, verklebte Aufbauschneiden, Fasenaufsatz)
3. Qualität der Bohrung
   a) Oberfläche (glänzend/matt, glatt/wellig, wenig/stark riefig)
   b) Maßhaltigkeit (Rundheit, Vorweite)
   c) Unterfläche bei Durchgangsbohrungen (scharfkantig/ausgebröckelt, mit/ohne Grat)

2.1.2. Bohrbarkeits-Rangfolge. Unter Berücksichtigung dieser Gesichtspunkte kann eine bestimmte Bohrbarkeits-Rangfolge der Werkstoffe aufgestellt werden. Es sind

gut bohrbar: NE-Metalle (mit wenigen Ausnahmen), Automatenstähle, Baustähle mittlerer Festigkeit (500 bis 600 N/mm²), weicher Grauguß, Temperguß;

leicht bohrbar: weicher Stahl, normal legierte Baustähle, mittelharter Grauguß, Stahlguß, Elektrolyt-Kupfer, Alu-Bronze, Silumin, Kunststoffe;

schwer bohrbar: hochlegierte Stähle (X-Stähle) [38, 39], z. B. austenitische Nickelstähle, nichtrostende und hochhitzebeständige Stähle, Manganhartstahl, Hartguß, Kunststoff mit verschleißenden Füllstoffen oder Einlagen [40, 41].

Durch Wahl geeigneter Bohrwerkzeuge (vgl. Abschnitt 1.2) und Schneidstoffe (vgl. Abschnitt 1.3) kann fast jedes Bohrproblem zufrieden-
stellend gelöst werden. In Ausnahmefällen (z. B. bei hochwarmfesten
Sonderlegierungen und bei Hartmetallen) verzichtet man auf die Anwendung spanender Bohrverfahren und wählt spanlose Verfahren
wie Abtragen des Metalls durch Elektroerosion [42] oder (für spröde
Werkstoffe) Stoßläppen mit Borkarbid nach dem Ultraschall-Ver-
fahren [43].

2.2. Werkzeugstandzeit

2.2.1. Begriffe und Grenzen.
Die Werkzeugstandzeit ergibt sich aus der
reinen Schnittzeit zwischen dem Neuanschliff und der Abstumpfung
der Schneiden, die den Werkzeugwechsel erforderlich macht. Dieser
Wert ist ein entscheidender Faktor für die Wirtschaftlichkeit eines
Zerspanungsvorganges. Beim Bohren wird als Maßstab meist die
Standlänge T_L zugrunde gelegt, d. h. die Gesamtlänge aller Bohrungen,
die mit dem Bohrwerkzeug hergestellt wurden, und zwar mit *einem*
Anschliff auf gleichem Werkstoff und unter gleichbleibenden Arbeits-
bedingungen. Sie ist das Produkt aus Schnittzeit T_s, Vorschub s und
Drehzahl n und wird meist in mm angegeben.

$$T_L = ns T_s = u T_s \, .$$

Hierin ist $u = ns$ die Vorschubgeschwindigkeit in mm/min.
Hohe Schnittgeschwindigkeiten (Drehzahlen) und große Vorschübe
ergeben kurze Bearbeitungszeiten (Hauptzeiten), aber geringe Stand-

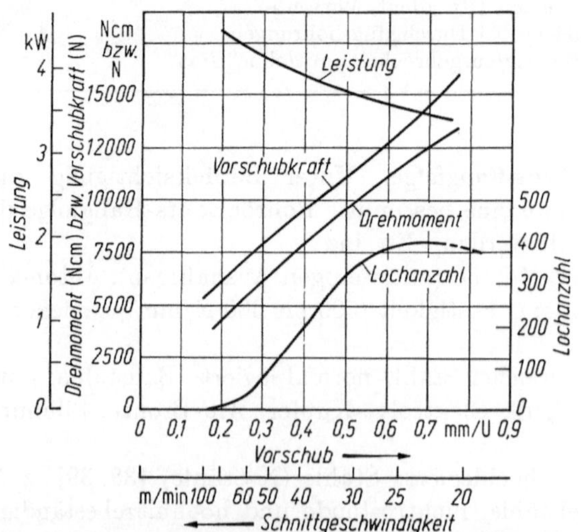

Bild 2.2. Einfluß von Schnittgeschwindigkeit und Vorschub auf Bohrerleistung (25 mm Ø, C 60)
bei gleichbleibender Vorschubgeschwindigkeit (200 mm/min).

längen und erhöhte Werkzeugkosten. Große Standlängen dagegen
können mit einer verhältnismäßig niedrigen Schnittgeschwindigkeit
bei höherem Vorschub innerhalb gewisser Grenzen erreicht werden.

Bild 2.2 zeigt diese Zusammenhänge an einem Beispiel. Mit einem
HSS-Wendelbohrer 25 mm ∅ soll in C 60 in 15 s ein Loch von 50 mm
Tiefe gebohrt werden. Um die Bohrzeit je Loch und damit die Vorschubgeschwindigkeit u gleichzuhalten, wurden beim Erhöhen des Vorschubs s die Drehzahl n und damit die Schnittgeschwindigkeit v verringert und zwar so, daß das Produkt $ns = u$ gleichblieb. Erfolg: bei
höherem Vorschub ergab sich eine größere Standlänge des Bohrers
und der Leistungsbedarf nahm ab. Das Optimum lag im vorliegenden
Fall etwa bei $v = 23$ m/min.

Allerdings ist zu beachten, daß viele Bohrmaschinen die bei großem
Vorschub auftretenden hohen Axialkräfte ohne unzulässig großes Aufbäumen (vgl. Abschnitt 1.1.1) nicht aufnehmen können. Ebenso ist
die Auskraglänge des Bohrers [44] zu berücksichtigen. Hieraus ergibt
sich auch für den Vorschub eine obere Grenze (vgl. auch Bild 2.7).
Bei zu kleiner Schnittgeschwindigkeit v läßt sich andrerseits der dann
an der Bohrstelle zu kalte Werkstoff schwer zerspanen. Durch weiteres
Herabsetzen von v kann also die Standlänge nicht beliebig erhöht
werden. Den Richtwertetafeln liegt in der Regel eine Standlänge von
mindestens 2000 mm zugrunde (Ausnahme: schwer bohrbare Werkstoffe). Die Standlänge beim Bohren von Grauguß (GG-20) abhängig
von v gibt Bild 2.3.

Für harte und die Schneiden stark verschleißende Werkstoffe sind
besonders hochwertige Schneidstoffe, z. B. hochlegierte Schnellarbeitsstähle (S 6-5-2-5, S 10-4-3-10, vgl. Tabelle 1.16) oder Hartmetalle
erforderlich, um befriedigende Standlängen zu erlangen.

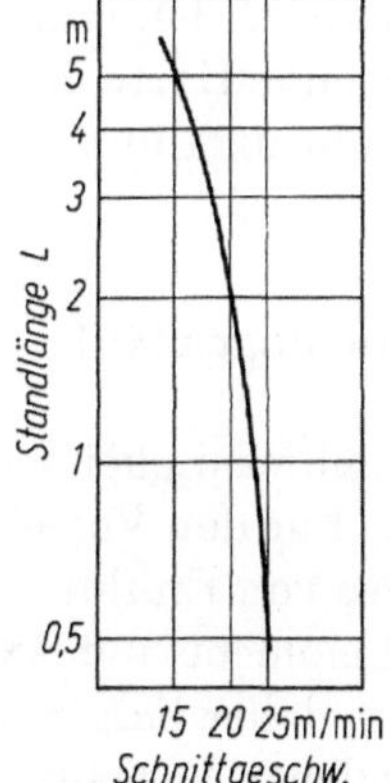

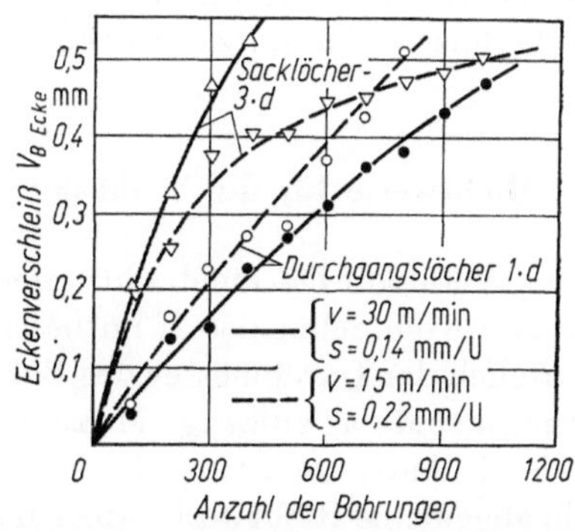

Bild 2.3. Standlänge eines Wendelbohrers.
Bohrerdrchm. 25 mm, HSS, Werkstoff GG-20,
Bohrtiefe 50 mm, Vorschub $s = 0,8$ mm/U.

Bild 2.4. Schneideneckenverschleiß beim Bohren
in Stahl C 45 (Bohrerdurchmesser 12 mm).

2.2.2. Abstumpfkriterien [45]. Kennzeichen für die Schneidenabstumpfung eines Bohrwerkzeuges sind:
fortschreitender Schneidenverschleiß (Bild 2.4) unter Veränderung der geometrischen Schneidenformen, z. B. beim Wendelbohrer an den Schneidenecken, Hauptschneiden, Fasen der Nebenfreiflächen und an der Querschneide,
Gelbbraun- bzw. Blaufärbung der Bohrspäne;
rotglühende Bohrerspitze (bei Versagen der Kühlschmierung);
Ansteigen von Vorschubkraft und Drehmoment (Bild 2.5);
„Kreischen" des Bohrers (unmittelbar vor Erliegen der Schneiden);
unsaubere Bohrungen, vor allem beim Aufbohren, Senken und Reiben.
Um überhöhte Schleif- und Werkzeugkosten zu vermeiden, wird das

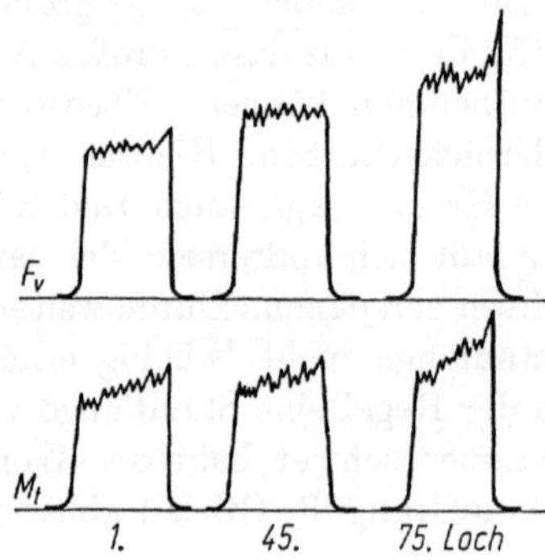

Bild 2.5. Bohrschaubilder (Vorschubkraft F_v u. Drehmoment M_t beim Bohren des 1., 45. und 75. Loches (10 mm, C 60, $n = 1000$ U/min, $s = 0,1$ mm/U).

Bohrwerkzeug in der Regel ausgewechselt, bevor es absolut stumpf ist. Die als Merkmal dienende Verschleißmarkenbreite (gemessen auf den Hauptfreiflächen oder an den Fasen soll 0,5⋯1,2 mm (je nach Drchm.) nicht überschreiten. So führt z. B. größere Fasenabstumpfung eines Wendelbohrers zu einem erheblichen Verlust an Schneidenlänge, da die Spitze vor dem Neuanschliff dann gekürzt werden muß. Starke Querschneidenabstumpfung deutet auf ungenügende Härte der Bohrerspitze, falsche Ausspitzung oder zu kleinen Freiwinkel hin.

2.3. Richtwerte für die Wahl der Arbeitsbedingungen [46]

Jeder Werkstoff hat einen günstigen Schnittgeschwindigkeitsbereich v, der auch vom Schneidstoff mitbestimmt wird. Für den Vorschub s ist zusätzlich der Durchmesser des Bohrwerkzeuges von Einfluß. Weitere Grenzen sind das zulässige Maximum für Drehmoment und Axialkraft sowie die Antriebsleistung der Maschine. Es ist daher immer erforderlich, allgemeine Richtwertetabellen den vorhandenen Verhältnissen anzupassen. Als Hilfsmittel dienen hierbei u. a. Leitertafeln für d, v und n (Bild 2.6).

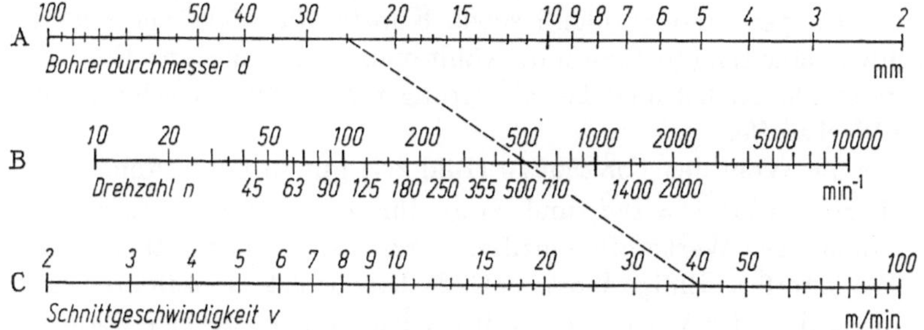

Bild 2.6. Leitertafel für *d, n, v*. Man verbindet z. B. Punkt 25 auf Leiter *A* (Bohrerdurchmesser *d*) mit Punkt 40 auf Leiter *C* (Schnittgeschwindigkeit *v*) und erhält als Schnittpunkt der Verbindungslinie mit der Leiter *B auf dieser* den gesuchten Wert für die Drehzahl *n* = 510.

2.3.1. Arbeitswerte für HSS- und HM-Wendelbohrer.

Für HSS-Bohrer gilt:

a) Mit hoher *Schnittgeschwindigkeit v* (über 30 m/min) werden Leichtmetalle und andere Nichteisenmetalle wie Kupfer, Zink und ihre Legierungen gebohrt. Mittlere Schnittgeschwindigkeiten (über 15···30 m/min) sind angebracht für Baustähle bis etwa 900 N/mm² Festigkeit,

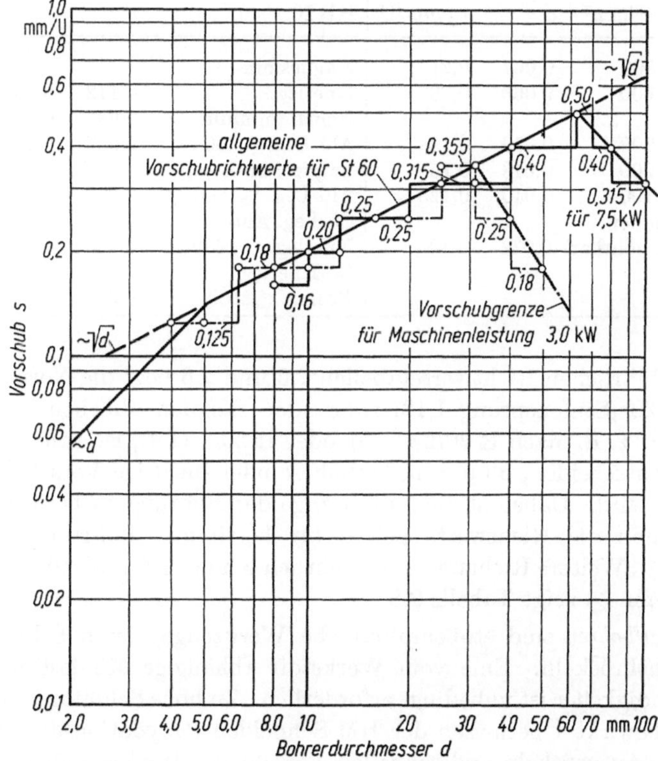

Bild 2.7. Grenzwerte für die Wahl des Vorschubs *s* sind abhängig von Bohrerdurchmesser *d* und Maschinentyp (Nennleistung, Vorschubreihe), z. B. für 3 kW-Maschine Vorschubgrenze bei 31 mm Ø (*s* = 0,355 mm/U), für 7,5 kW-Maschine bei 63 Ø (*s* = 0,5 mm/U). Bei größerem Durchmesser Vorschub herabsetzen.

Grau-, Temper- und Stahlguß sowie Kunststoffe. Niedrige Schnittgeschwindigkeiten (4···15 m/min) wählt man für hochlegierte Edel- und Sonderstähle, Nickel- und Titanlegierungen und ähnliche schwer bohrbare Werkstoffe.

b) Für die Wahl des *Vorschubs s* (Bild 2.7) gilt in guter Annäherung die Formel [29] $s = c\sqrt{d}$ und zwar für Bohrerdurchmesser d von 5···50 mm. Die Werkstoffkennziffer c ergibt sich aus der Bohrbarkeit des Werkstoffes. Einige Werte enthält Tabelle 2.4. Für Bohrer unter 5 mm ⌀ sollte der Vorschub mit Rücksicht auf die geringe Stabilität des Bohrers proportional mit dem Durchmesser abnehmen. Bei größeren Bohrern ist die Vorschubgrenze auch von der Maschine her durch die zulässigen Vorschubkräfte und Drehmomente gegeben.

Tabelle 2.4. Werkstoffkonstante c (vgl. Abschnitt 2.3.1.b) und hieraus berechneter Richtvorschub für HSS-Wendelbohrer 10 mm ⌀

A. *Stahl u. Grauguß* Festigkeit N/mm^2	Konstante c	Vorschub s_{10} mm/U	B. *NE-Metalle* Festigkeit HB 10/1000	Konstante c	Vorschub s_{10} mm/U
$\leqq$ 500	0,067	0,21	Magnesium-		
$\leqq$ 600	0,063	0,20	Knetleg.	0,112	0,36
legierter			Reinaluminium	0,08	0,25
Stahl $\leqq$ 700	0,056	0,18	Alu-Leg. $\leqq$800	0,067	0,21
$\leqq$ 900	0,048	0,15	Kupfer, Cu-Leg.,		
$\leqq$1100	0,040	0,125	Alu-Leg. $\leqq$1000	0,063	0,20
nichtrostender			Cu-Leg. Alu-		
Stahl (gut bohrbar)	0,032	0,10	Knetleg. $\leqq$1600	0,053	0,17
			Cu-Knetleg.,		
			Bronze $\leqq$2100	0,045	0,14

Den ausführlichen Richtwertetabellen 2.5 und 2.6 liegt die Normzahlreihe R 20 (Stufensprung 1,12) zugrunde. Bei den üblichen Stufensprüngen, z. B. nach R 20/2 (1,25) oder R 20/3 (1,4), ist von Fall zu Fall zu entscheiden, ob der nächsthöhere oder -niedrige Vorschub genommen wird. Dabei ist auch die Länge der Bohrung zu berücksichtigen, denn die Richtwerte gelten für bestimmte Bohrtiefen (Tabelle 2.7). Weitere Richtwerte hinsichtlich n und u für Wendelbohrer unter 1 mm ⌀ zeigt Tabelle 2.8.

Hartmetallbohrer sind stoßempfindliche Werkzeuge, deren Schneiden leicht ausbröckeln. Eine vom Werkstoff abhängige Mindestschnittgeschwindigkeit v ist unbedingt erforderlich. Zu hohe Schnittgeschwindigkeit bewirkt Überhitzen der HM-Schneiden (Oxydation des Hartmetalls), Ausbröckeln und schnellen Verschleiß. In Grenzfällen kann die Schneidplatte sogar ausgelötet und zerstört werden. Wegen ihrer geringen Biegebruchfestigkeit soll mit kleinem Vorschub gearbeitet werden. Die Grenze der Einzellochtiefe liegt bei etwa $(4 \cdots 5)\ d$. Richtwerte gibt Tabelle 2.9.

Beispiele:

a) *Wendelbohrer* mit Morsekegel DIN 345/N, HSS 25 mm $\varnothing$ in Grauguß GG-20 (200 HB), Tiefe der Bohrungen 50 mm. Aus Tabelle 2.5: $n = 280\,\text{U/min}$ ($v = 22$ m/min), $s = 0{,}36$ mm/U ($u = 101$ mm/min), ohne Kühlschmierung.
b) *Wendelbohrer* mit Zylinderschaft DIN 338 W, HSS 10 mm $\varnothing$ in ausgehärtete Aluminium-Legierung (AlCuMg 1), Tiefe der Bohrungen 60 mm. Aus Tabelle 2.6: $n = 1600$ U/min ($v = 50$ m/min), $s = 0{,}18 \cdot 0{,}8$ (Tabelle 2.7, Faktor für Bohrtiefe $6\ d$) $= 0{,}14$ mm/U ($u = 224$ mm/min), Kühlmittel: Emulsion.
c) *Wendelbohrer* mit Morsekegel DIN 8041, HM, 16 mm $\varnothing$ in Gußbronze. Tiefe der Bohrungen 40 mm. Aus Tabelle 2.9: $v = 70$ m/min ($n = 1400$ U/min), $s = 0{,}14$ mm/U ($u = 196$ mm/min), ohne Kühlschmierung.

2.3.2. Vermeiden von Fehlern. a) *Übermaß der Bohrung.* Jeder Bohrer bohrt etwas größer als sein Nennmaß (Richtwerte in Bild 1.4). Voraussetzungen für Einhalten dieser Werte sind zentrischer und symmetrischer Spitzenanschliff (Fehler in Bild 2.8), genauer Rundlauf von

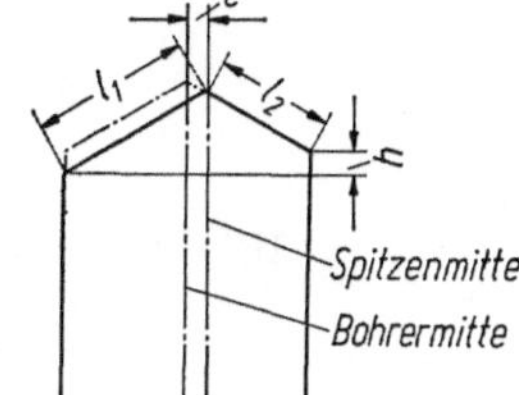

Bild 2.8. Einseitiger Spitzenanschliff.
e Exzentrizität der Spitze, h Höhenunterschied der Schneidenecken; Längendifferenz der Hauptschneiden $\Delta l = l_1 - l_2$.

Bohrspindel und Bohrwerkzeug, einwandfreies Spannen und pflegliche Behandlung der Betriebsmittel (z. B. keine Schläge gegen Bohrer, Spannfutter oder Kegelhülse).
b) *Einfluß des Spitzenwinkels* (Bild 2.9). Spröde Werkstoffe lassen sich besser mit kleinem Spitzenwinkel (z. B. 80° für Preßstoffe) oder mit geknickten Hauptschneiden (z. B. Spitzenwinkel 118°/80° für Grauguß) bohren, weil durch die dann größere Schneidenlänge eine höhere Standzeit erreicht wird. Bei Kunststoffen vermeidet man gleichzeitig durch spitzen Anschliff das Ausbröckeln der Lochränder. Für weichen und zähharten Stahl ist dagegen flacher Spitzenanschliff (130°$\cdots$140°) angebracht, um Gratbildung an der Unterseite der Bohrung auszuschließen. Auch bei hartem Stahl kann es vorteilhaft sein, mit flacher Spitze einen schnellen, kurzen Durchgang der Bohrerschneiden beim Durchbohren zu erreichen. Besonders flache Spitzenanschliffe (Spitzenwinkel bis 180° und mehr, vgl. Abschnitt 1.2.2) werden beim Bohren dünner Bleche, die sich leicht durchbiegen, angewandt, damit die Bohrerspitze möglichst rasch an der Unterseite durchtritt. Um runde Bohrungen zu bekommen, wird dann auch mit Zentrumspitze gearbeitet.

Tabelle 2.5. Richtwerte für HSS-Wendelbohrer (für Stahl und Gußeisen)

Werkstoff Zugfestigkeit Härte (HB) N/mm²	Bohrer-typ	Schneid-flüssig-keit	Schnitt-geschw. v m/min		Drehzahlen n in Bohrerdurch- 1	2
Unleg. Stähle						
≦500	N	Emulsion	28···25	n	8000	4500
				s	Hand	0,05
≦700	N	Emulsion	25···22	n	7100	4000
				s	Hand	0,05
Leg. Stähle, Stahlguß						
≦700	N	Emulsion	20···18	n	5600	3150
				s	Hand	0,05
≦900	N	Emulsion	16···12,5	n	4000	2500
				s	Hand	0,03
≦1100	N	Emulsion	11,2···8	n	3150	1800
				s	Hand	0,02
Edelstähle, Nickelleg., nicht rostend gut zerspanbar	N	Emulsion	8···6,3	n	2000	1250
				s	Hand	0,02
schwer zer-spanbar hochwarmfest, Titan-legierungen	HS-Co	Emulsion, aktives Schneid-öl	5···4	n	1250	800
				s	Hand	Hd.
Mangan-Hartstahl	HS-Co	ohne, oder geschwef. Schneidöl	4,5···3	n	1000	710
				s	Hand	Hd.
Grauguß, Temperguß						
≦200 HB	N	ohne	22···18	n	5600	3550
				s	0,03	0,06
≦250 HB	N	ohne	16···12,5	n	4000	2500
				s	Hand	0,05

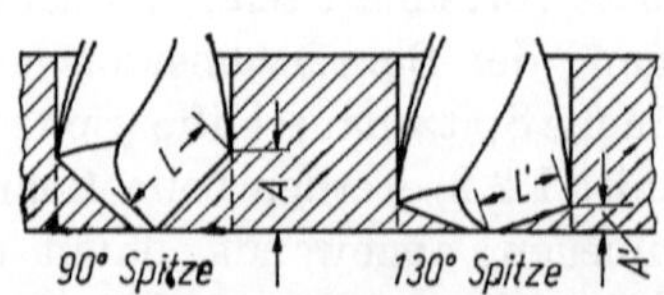

Bild 2.9. Bei kleinem Spitzenwinkel (z. B. 90°) hat man eine größere Hauptschneidenlänge L als bei großem Spitzenwinkel (z. B. 130°), aber auch einen längeren Auslauf A.

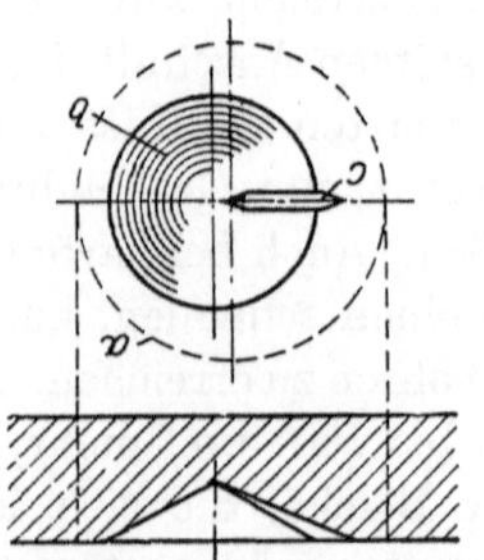

Bild 2.10. Einkerben als Abhilfe bei einseitigem Anbohren. a Anriß der Bohrung, b Anbohrung, c Kerbe.

(Fortsetzung)

U/min und Vorschübe s in mm/U für
messer d in mm

2,5	4	5	6,3	8	10	12,5	16	20	25	31,5	40	63
3550	2240	1800	1400	1120	900	710	560	450	355	250	200	125
0,07	0,11	0,14	0,16	0,18	0,20	0,22	0,25	0,28	0,32	0,36	0,4	0,5
3150	2000	1600	1250	1000	800	630	500	400	315	224	180	122
0,07	0,11	0,14	0,16	0,18	0,20	0,22	0,25	0,28	0,32	0,36	0,4	0,5
2500	1600	1250	1000	800	630	500	400	315	250	180	140	90
0,06	0,10	0,12	0,14	0,16	0,18	0,20	0,22	0,25	0,28	0,32	0,36	0,45
2000	1250	1000	800	630	500	400	315	250	250	125	100	63
0,04	0,07	0,09	0,10	0,11	0,13	0,14	0,16	0,18	0,20	0,22	0,25	0,32
1400	900	710	560	450	355	280	224	160	140	90	71	45
0,03	0,05	0,07	0,08	0,09	0,10	0,11	0,12	0,14	0,16	0,18	0,20	0,25
1000	900	500	400	315	250	200	160	125	100	63	50	31,5
0,03	0,05	0,07	0,08	0,09	0,10	0,11	0,12	0,14	0,16	0,18	0,20	0,25
630	400	315	250	200	160	125	100	80	63	40	31,5	20
0,02	0,03	0,04	0,05	0,045	0,06	0,07	0,08	0,09	0,10	0,11	0,13	0,16
560	355	280	224	180	140	112	90	71	56	31,5	25	16
0,02	0,03	0,04	0,05	0,045	0,06	0,07	0,08	0,09	0,10	0,11	0,13	0,16
2800	1800	1400	1120	900	710	560	450	355	280	180	140	90
0,08	0,12	0,16	0,18	0,20	0,22	0,25	0,28	0,32	0,36	0,40	0,45	0,56
2000	1250	1000	800	630	500	400	315	250	200	125	100	63
0,07	0,11	0,14	0,16	0,18	0,20	0,22	0,25	0,28	0,32	0,36	0,4	0,5

c) *Verlaufen beim Anbohren* hat verschiedene Gründe: ungenaue Ausspitzung, schlechtes Ankörnen, unzulässig großes Spiel in der Spindel-
lagerung, Aufbäumen der Maschine bei zu großem Vorschub. Durch
Einkerben der verlaufenen Zentrierung (Bild 2.10) kann der Bohrer
wieder auf Mitte gebracht werden. Unangenehm ist auch schiefes
Anbohren, das durch Schräglage des Werkstücks verursacht wird.
Hier wird durch sorgfältiges Säubern der Spann- und Auflageflächen
(z. B. Beseitigen von Spänen), neue Unterlagen und gegebenenfalls
durch Nachjustieren des Maschinentisches Abhilfe geschaffen.

d) *Ausbrechen der Schneiden und Bohrerbruch.* Diese beiden Erscheinungen sind mit einer empfindlichen Störung des Arbeitsflusses und

Tabelle 2.6. Richtwerte für HSS-Wendelbohrer (für NE-Metalle und Kunststoffe)

Werkstoff	Bohrer-typ	Schneid-flüssig-keit	Schnitt-geschw. v m/min	Drehzahlen n in Bohrerdurch-		
				1	2	2,5
Kupfer allgemein	W	Emulsion	50···40	n 12500	8000	6300
				s Hand	0,05	0,07
Elektro-lyt-Cu	N[1]	Emulsion, Schneidöl	40···32	n 10000	6300	5000
				s Hand	0,05	0,06
Messing Ms 58	H	ohne, oder Emulsion	63···50	n 16000	10000	8000
				s Hand	0,07	0,09
Ms 60	N[1]	Emulsion, Schneidöl	45···36	n 11200	7100	5600
				s Hand	0,05	0,07
Bronze, Neusilber	N[1]	Emulsion, Schneidöl	36···28	n 9000	5600	4500
				s Hand	0,05	0,06
Zinklegie-rungen	N[1]	Emulsion	45···36	n 11200	7100	5600
				s Hand	0,05	0,06
Aluminium, Al-Legie-rungen weich	W	Emulsion	80···63	n 20000	12500	10000
				s Hand	0,05	0,07
aus-gehärtet	W, N[1]	Emulsion	50···40	n 12500	8000	6300
				s Hand	0,05	0,06
Silumin	N[1], W	Emulsion	40···32	n 10000	6300	5000
				s Hand	0,05	0,06
Magne-sium, Mg-Le-gierungen	H, W	ohne (kein Wasser!)	100···80	n 25000	16000	12500
				s Hand	0,09	0,11
Kunst-stoffe Thermo-plaste (weich)	W	ohne, oder-Druckluft	40···25	n 9000	5600	4500
				s Hand	0,05	0,06
Duro-plaste (hart)	H	ohne, oder Druckluft	25···16	n 5000	3150	2500
				s Hand	0,03	0,04

[1] mit blanken Nuten

meist erheblichem Zeitverlust verbunden. Ursachen: Schlechte Werkzeugaufnahme, wenn Kegelschaft und Hülse nicht passen oder verbeulte Stellen haben. Der Kegellappen reißt ab, der Bohrer rutscht in der Hülse, bleibt stehen und wird durch die Vorschubkraft zerstört. Dasselbe geschieht, wenn die Bohrerschneiden beim Austritt aus dem Werkstück (Durchgangsbohrung) einhaken, und zwar infolge des toten

U/min und Vorschübe s in mm/U für messer d in mm											
4	5	6,3	8	10	12,5	16	20	25	31,5	40	63
4000	3150	2500	2000	1600	1250	1000	800	630	400	315	200
0,11	0,14	0,16	0,18	0,20	0,22	0,25	0,28	0,32	0,36	0,4	0,5
3150	2500	2000	1600	1250	1000	800	630	500	315	250	160
0,10	0,13	0,14	0,16	0,18	0,20	0,22	0,25	0,28	0,32	0,36	0,45
5000	4000	3150	2500	2000	1600	1250	1000	800	500	400	250
0,14	0,18	0,20	0,22	0,25	0,28	0,32	0,36	0,40	0,45	0,50	0,63
3550	2800	2240	1800	1400	1120	900	710	560	355	280	180
0,11	0,14	0,16	0,18	0,20	0,22	0,25	0,28	0,32	0,36	0,4	0,5
2800	2240	1800	1400	1120	900	710	560	450	280	224	140
0,10	0,13	0,14	0,16	0,18	0,20	0,22	0,25	0,28	0,32	0,36	0,45
3550	2800	2240	1800	1400	1120	900	710	560	355	280	180
0,10	0,13	0,14	0,16	0,18	0,20	0,22	0,25	0,28	0,32	0,36	0,45
6300	5000	4000	3150	2500	2000	1600	1250	1000	630	500	315
0,11	0,14	0,16	0,18	0,20	0,22	0,25	0,28	0,32	0,36	0,4	0,5
4000	3150	2500	2000	1600	1250	1000	800	630	400	315	200
0,10	0,13	0,14	0,16	0,18	0,20	0,22	0,25	0,28	0,32	0,36	0,45
3150	2500	2000	1600	1250	1000	800	630	500	315	250	160
0,10	0,13	0,14	0,16	0,18	0,20	0,22	0,25	0,28	0,32	0,36	0,45
8000	6300	5000	4000	3150	2500	2000	1600	1250	800	630	400
0,18	0,22	0,25	0,28	0,32	0,36	0,40	0,45	0,50	0,56	0,63	0,8
2800	2240	1800	1400	1120	900	710	560	450	280	224	140
0,10	0,13	0,14	0,16	0,18	0,22	0,25	0,28	0,32	0,36	0,4	0,5
1600	1250	1000	800	630	500	400	315	250	160	125	80
0,06	0,08	0,10	0,12	0,14	0,18	0,20	0,22	0,25	0,28	0,32	0,4

Ganges der Bohrspindel oder Federn des Maschinengestells oder bedingt durch nachgiebiges Aufspannen des Werkstücks.
Schlechter Spitzenanschliff kann ebenfalls die Beschädigung des Bohrers hervorrufen. Bei zu geringem Hinterschliff (Freiwinkel) reißt der Bohrer leicht im Kern auf. Zu starker Hinterschliff führt zum Einhaken und Ausbrechen oder Ausbröckeln der Schneiden. Die

Tabelle 2.7. Vorschubwerte abhängig
von der Bohrtiefe (in % der Richtwerte
der Tabellen 2.5 und 2.6)

Bohrtiefe	Bohrdurchmesser d in mm			
	bis 20	32	50	80
$\leqq 2{,}5\ d$	100	100	100	100
3,15 d	100	100	100	80
4 d	100	100	80	80
5 d	100	80	80	50
6,3 d	80	80	50	50
8 d	80	50	50	50
$>8\ d$[1]	50	50	50	50

[1] Gegebenenfalls mit wiederholtem Ausheben
des Bohrers (vgl. Abschnitt 1.1.1).

Tabelle 2.8. Drehzahlen und Vorschübe für Bohrer unter 1 mm ⌀

Werkstoff	Bohrerdurchmesser in mm			
	0,1···0,2	0,25···0,4	0,5···0,7	0,8···0,9
A. *Drehzahl n* in U/min				
Stahl, Grauguß				
(mittelhart)	800···1100	1500···2000	6000···8000	5000···7000
Kupfer	800···1100	1500···2000	8000···12000	8000···12000
Messing, Bronze	800···1100	1500···2000	6000···8000	6000···8000
Aluminium	900···1200	1600···2500	8000···12000	8000···12000
B. *Vorschubgeschwindigkeit u* in mm/min				
allgemein	nach Gefühl 8···20		50···80	80···100

Bohrer unter 0,5 mm Drchm. haben enge Nuten; es lohnt sich auch selten, sie
nachzuschleifen. Drehzahlen und Vorschübe liegen in diesem Durchmesserbereich daher wesentlich niedriger als bei größeren Abmessungen.

gleiche Wirkung hat falsches Ausspitzen, z. B. wenn Spanwinkel an
der Querschneide zu klein oder (durch Hohlkehle) zu groß, Lage der
Ausspitzung unsymmetrisch, restliche Querschneidenbreite zu groß
oder zu klein (Richtwert 0,1 d), starke Eckenbildung am Übergang
zur Hauptschneide (Erfolg: schnelles Abstumpfen an dieser Stelle).
Auch Schleifrisse (infolge ungeeigneter Schleifscheiben oder mangel-
hafter Kühlung beim Scharfschleifen) führen zum Ausbrechen der
Schneiden. Poröse und harte Stellen im Werkstoff und schräge
Flächen beim Anbohren oder Durchgang des Bohrers verursachen oft
— vor allem bei kleinen Durchmessern und überlangen Bohrern —
Bruch des Werkzeugs (Bild 2.11). Auch bei großer Lochtiefe kann
dieser auftreten. Die Späne verstopfen dann die Nuten und keilen
den Bohrer im Loch so fest, daß er abbricht. Abhilfe: Bohrer wiederholt ausheben (vgl. Bild 1.10). Die gleichen Erscheinungen treten
bei langspanenden Werkstoffen auf. Die Späne wickeln sich um den

Tabelle 2.9. Richtwerte für Wendelbohrer mit Hartmetallschneiden

Werkstoff Zugfestigkeit Härte(HB)N/mm²	Hartmetallgruppe	Schneidflüssigkeit	Schnittgeschw. v m/min	Vorschub in mm/U für Bohrerdurchmesser in mm		
				4···8	10···20	25···40
Leg. Stahl						
>1100···1400	K 10, P 30	Emulsion[1]	28···18	0,02···0,03	0,04···0,08	0,08···0,13
>1400···1800 nichtrostender, warmfester Stahl, Manganhartstahl	K 10, M 20, M 30 P 30	Emulsion[1] Emulsion[1] geschwefeltes	14···10	0,01···0,02	0,02···0,04	0,05···0,08
		Schneidöl	16···10	0,016···0,02	0,025···0,05	0,05···0,08
gehärteter Stahl 50 HRC	K 10	ohne	12···10	0,01···0,02	0,02···0,03	0,03···0,04
Grauguß 250 HB	K 10	ohne	70···50	0,04···0,06	0,08···0,13	0,13···0,20
Hartguß 65···85 Sh	K 10	ohne	10···5	0,01···0,02	0,02···0,04	0,03···0,05
Gußbronze	K 10	ohne	80···63	0,05···0,08	0,10···0,20	0,25···0,36
Silumin	K 10	Emulsion[1]	80···50	0,04···0,08	0,08···0,16	0,16···0,25
Kunststoff: Duroplast	K 10	ohne	100···80	0,04···0,10	0,10···0,20	0,20···0,25
glasfaserverstärkt	K 10	ohne	80···63	0,04···0,08	0,08···0,16	0,16···0,2

[1] gleichmäßiger, ununterbrochener Zufluß erforderlich

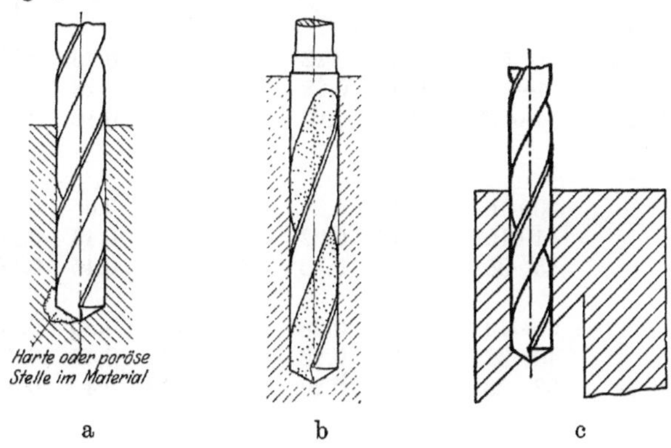

Bild 2.11. Ursachen für Bohrerbruch.
a) harte Materialstelle; b) verstopfte Nuten (Bohren über Nutenauslauf); c) schräger Bohreraustritt.

Bohrer und verhindern die Kühlwasserzufuhr. Infolgedessen stumpfen die Bohrerschneiden plötzlich und vorzeitig ab.

Werkstoff- und Härtefehler des Werkzeugs können schließlich ebenfalls Ursache des Bohrerbruchs sein. In diesen verhältnismäßig seltenen Fällen leistet der Hersteller für den eingesandten fehlerhaften Bohrer kostenlosen Ersatz.

2.3.3. Aufbohren mit Wendel- und Aufstecksenkern.

Diese Werkzeuge vertragen einen etwas größeren Vorschub als Wendelbohrer, da sie

3 bis 4 Schneiden haben und mit kleineren Axialkräften arbeiten. Je
nach dem Durchmesser der Vorbohrung (vgl. Tabelle 2.10) kann der
Vorschub s bis zu 25% höher gewählt werden als beim Bohren mit

Tabelle 2.10. Wahl des Durchmessers der Vorbohrung

Bohrungsquerschnitt beim Vorbohren/Aufbohren (Aufteilung in %)	50/50	60/40	70/30	80/20	90/10
erforderlicher Wendelbohrerdurchmesser	0,71 D	0,77 D	0,84 D	0,89 D	0,95 D

D = Durchmesser der Fertigbohrung

Tabelle 2.11. Aufbohren mit Wendel- und Aufstecksenkern (Richtwerte f. HSS)

Werkstoff Zugfestigkeit Härte (HB) N/mm²	Schnitt- geschw. v m/min	Vorschub s in mm/U für Senkerdurchmesser in mm						
		5	10	16	25	40	63	80
Unleg. Stähle								
≦700	22···18	0,16	0,25	0,32	0,4	0,5	0,63	0,71
Leg. Stähle, Stahlguß								
≦ 900	14···10	0,12	0,16	0,20	0,25	0,32	0,4	0,5
≦1100	10···6,3	0,10	0,12	0,16	0,2	0,25	0,32	0,4
≦1250[1]	6,3···4	0,07	0,10	0,12	0,16	0,2	0,28	0,32
Edelstähle,[1] Nickellegierungen								
gut zerspanbar	7,1···5	0,08	0,12	0,16	0,2	0,25	0,32	0,4
schwer zerspanbar	4···3,1	0,05	0,08	0,10	0,12	0,18	0,2	0,25
Mangan-Hartstahl[1]	4···2,5	0,05	0,08	0,10	0,14	0,16	0,18	0,2
Grauguß, Temperguß								
≦200 HB	20···16	0,18	0,28	0,36	0,45	0,56	0,63	0,71
≦250 HB[1]	14···10	0,16	0,22	0,28	0,36	0,45	0,56	0,63
Kupfer	45···36	0,16	0,22	0,28	0,36	0,45	0,56	0,63
Messing								
Ms 58	50···40	0,20	0,28	0,36	0,45	0,56	0,63	0,71
Ms 63	40···32	0,16	0,22	0,28	0,36	0,45	0,56	0,63
Bronze, Neusilber	32···28	0,14	0,20	0,25	0,32	0,4	0,5	0,56
Aluminium, Al-Legierung								
weich	63···50	0,18	0,25	0,36	0,45	0,5	0,63	0,71
ausgehärtet	40···32	0,14	0,20	0,25	0,32	0,4	0,5	0,56
Silumin[1]	32···25	0,14	0,20	0,25	0,32	0,4	0,5	0,56
Magnesium, Mg-Leg.	80···63	0,25	0,36	0,45	0,56	0,71	0,9	1,00
Kunststoffe Duroplaste[1]	22···12	0,10	0,16	0,22	0,28	0,36	—	—

Kühl- und Schmiermittel wie bei Wendelbohrern.
Vorschübe für Stirn- und Formsenker: etwa 50%···60% der oben angegebenen
Vorschubrichtwerte.

---

[1] Für harte oder die Schneiden schnell verschleißende Werkstoffe auch Werkzeuge mit Hartmetallschneiden (vgl. Richtwerte in Tabelle 2.12).

Wendelbohrern. Die Vorschubgeschwindigkeit $u = s \cdot n$ wird dagegen meist beibehalten, indem man die Schnittgeschwindigkeit v (Drehzahl n) dementsprechend niedriger wählt. Richtwerte sind in den Tabellen 2.11 (HSS) und 2.12 (HM) angegeben.

Beispiele:

a) *Wendelsenker* mit Morsekegel DIN 343, HSS, 40 mm Ø in Kupfer, Bohrtiefe 25 mm. Bei Querschnittsaufteilung 80/20% (Tabelle 2.10) Vorbohrung 0,89 D = (praktisch) 36 mm. Aus Tabelle 2.11: $v = 40$ m/min ($n = 315$ U/min), $s = 0,45$ mm/U ($u = 141$ mm/min), Kühlschmierung mit Emulsion;
b) *Wendelsenker mit Morsekegel*, HM, 25 mm Ø in Manganhartstahl, Bohrtiefe 20 mm. Vorbohrung 22 mm (Aufteilung 88/12%). Aus Tabelle 2.12: $v = 8$ m/min ($n = 100$ U/min), $s = 0,10$ mm/U ($u = 10$ mm/min), Schmierung mit geschwefeltem Schneidöl.

Tabelle 2.12. Richtwerte für Aufbohren mit HM-Wendel- und Aufstecksenkern

Werkstoff Zugfestigkeit Härte (HB) N/mm²	Schnitt- geschw. v m/min	Vorschub s in mm/U für Senkerdurchmesser in mm					
		5	10	16	25	40	63
Legierter Stahl >1100···1400	16···10	0,06	0,08	0,10	0,13	0,16	0,20
Edelstähle, nicht rostend, warmfest und Manganhartstahl	10···7	0,04	0,06	0,08	0,10	0,13	0,16
Grauguß 220 HB	40···28	0,16	0,20	0,25	0,32	0,4	0,5
250 HB	28···20	0,10	0,13	0,16	0,20	0,25	0,32
Gußbronze	45···32	0,13	0,16	0,20	0,25	0,32	0,4
Aluminium-Legierungen (Silumin	71···45 45···32)	0,16	0,20	0,25	0,32	0,36	0,45

Vorschübe für Stirn- und Formsenker: etwa 50%···60% der oben angegebenen Vorschubrichtwerte.

2.3.4. Formsenken und Abflächen. Beim Formsenken kann etwa mit der gleichen Schnittgeschwindigkeit v gearbeitet werden wie beim Aufbohren mit Wendelsenkern (Tabelle 2.11). Der Vorschub s dagegen wird — zugunsten sauberer Flächen und ausreichender Werkzeugstandzeit — um 40%···50% niedriger gewählt, je nach Profiltiefe der Bohrung. Besondere Vorsicht ist erforderlich beim Abflächen mit Stirnmeißeln, die in einer Bohrstange befestigt sind. In Tabelle 2.13 sind hierfür Richtwerte angegeben. Sie gelten für das Schlichten vorgearbeiteter Flächen mit HSS-Meißeln. Beim Schruppen muß noch langsamer gearbeitet werden, zumal wenn eine rohe Guß- oder Preßhaut auf der Fläche vorhanden ist.
2.3.5. Reiben. Reiben gehört zur Feinbearbeitung. Die hierfür geltenden Schnittbedingungen sind daher wesentlich anders als beim Bohren und Aufbohren. Um saubere, maßhaltige Qualitätsbohrungen (ISO-Passungen) zu erreichen, wird mit niedriger Schnittgeschwindig-

Tabelle 2.13. Abflächen mit beidseitig schneidendem HSS-Stirnmeißel (in geführter Bohrstange)

Werkstoff Zugfestigkeit Härte (HB) N/mm²	Schnitt- geschw. v m/min	Vorschub Reihe[1]	Werkstoff Zugfestigkeit Härte (HB) N/mm²	Schnitt- geschw. v m/min	Vorschub Reihe[1]
A) *Stahl und Guß-* *Gußeisen*					
Unlegierte Stähle			Hochlegierter St.		
≦700	14···9	III	gut zerspanbar	6···4	I
Legierte Stähle, Stahlguß					
≦ 900	9···6	II	Grauguß		
≦1100	7···5	I	bis 200 HB	14···10	III
			bis 220 HB	11···9	III
B) *NE- und Leicht-* *metalle*					
Kupfer, Zink	20···14	III	Al-Legierung, weich	22···16	III
Messing Ms 58	20···14	III	ausgehärtet	16···12	III
Ms 63	16···12		Silumin	14···10	III
Bronze	12···8	III	Magnesiumleg.	28···20	III

[1] Vorschub-Reihen:

Vorschub s in mm/U für Werkzeugdurchmesser in mm

Reihe		25	40	63	100	160	250
I	(sehr langsam)	0,04	0,05	0,056	0,063	0,071	0,08
II	(langsam)	0,05	0,056	0,063	0,071	0,08	0,09
III	(mittel, normal)	0,056	0,063	0,071	0,08	0,09	0,10
Drehzahl n in U/min =		$v \times 12,8$	8,0	5,0	3,2	2,0	1,3

Kühlschmierung: allgemein mit Emulsion, jedoch ohne bei Grauguß und Magnesiumlegierungen (unbedingt trocken).

keit und nicht zu schnellem Vorschub gearbeitet (Tabelle 2.14). Das ergibt zugleich wirtschaftliche Standzeiten.

Hohe Arbeitsgeschwindigkeit und ungenügende Wärmeabfuhr führen (z. B. beim Reiben wärmestauender Werkstoffe ohne Kühlschmierung) zu Bohrungen mit erheblichen Abmaßen. Andrerseits bewirken schnelle Vorschübe (sonst bei den kleinen Spanungsquerschnitten durchaus möglich) rauhe Oberflächen. Zu große Reibzugaben führen in der Regel zu Überweiten. Bei zu kleinen Reibzugaben klemmt das Werkzeug.

Auch zweckmäßige Kühlschmierung ist wichtig für die Bohrungsqualität. Ihr Einfluß ist je nach Werkstoff verschieden. Das geht aus Tabelle 2.15 hervor, in der gemessene Reibüberweiten[2] abhängig von Werkstoff und Schmiermittel zusammengestellt sind. Nur wenige

---

[2] Nach Angaben von Prof. H. Schallbroch, München.

Tabelle 2.14. Richtwerte für Reiben mit HSS- und HM-Reibahlen

Werkstoff Zugfestigkeit Härte (HB) N/mm²	Schnitt- geschw. v m/min		Vorschub Reihe[1]		Kühlschmier- mittel
	HSS	HM	HSS	HM	
Unlegierte Stähle					
≦ 700	12···8	16···12	III	II···III	Emulsion, Schneidöl
Legierte Stähle, Stahlguß					
≦ 900	8···5	12···8	III···II	II	desgl.
≦1100	5···3	8···5	II···I	II···I	Schneidöl
Hochlegierte Stähle, Nickel- und Titanlegierungen					
gut zerspanbar	5···3	12···8	II	II	Schneidöl
schwer zerspanbar	3···1	6···4	I	I	gefettetes oder aktiviertes Schneidöl
Grauguß					
≦180 HB	10···6	16···10	IV	IV···III	ohne (trocken)
≦220 HB	6···4	10···6	III	III···II	ohne oder Petroleum
Kupfer, Elektrolyt-Kupfer	16···8	25···16	IV···III	IV···III	Emulsion
Messing Ms 58	16···10	20···12	IV	IV	ohne (trocken)
Ms 63	12···8	16···10	IV···III	IV···III	Emulsion
Bronze	8···4	12···6	IV···III	III	Emulsion, Schneidöl
Zink	12···10	20···12	III	III	Emulsion
Al-Legierungen, weich	20···16	25···16	IV	IV	Emulsion
ausgehärtet	16···10	20···12	IV···III	IV···III	Emulsion
Silumin	10···8	12···10	IV···III	IV···III	Petroleum oder Spiritus
Mg-Legierungen	20···16		V		ohne (unbe- dingt trocken)
Kunststoffe Thermoplaste	8···6	20···16	V···IV	IV	ohne (trocken) oder Preßluft
Duroplaste	6···3	16···10	IV	IV	desgl.

[1] Vorschub-Reihen:

Reihe		Vorschub s in mm/U für Werkzeugdurchmesser in mm						
		5	10	16	25	40	63	100
I	(sehr langsam)	0,08	0,12	0,16	0,20	0,32	0,40	0,50
II	(langsam)	0,10	0,16	0,20	0,25	0,40	0,50	0,63
III	(mittel, normal)	0,12	0,20	0,25	0,32	0,50	0,63	0,80
IV	(schnell)	0,16	0,25	0,32	0,40	0,63	0,80	1,00
V	(sehr schnell)	0,2	0,32	0,40	0,50	0,80	1,00	1,25
Drehzahl n in U/min =	$v \times$	64	32	20	12,8	8,0	5,0	3,2

Tabelle 2.15. Reibüberweiten bei verschiedener Kühlschmierung (Aufsteckreibahle 30 mm; a 0,07 mm; s 0,5 mm/U)

Werkstoff	mittlere Reibüberweite in μm bei Schmiermittel		
	trocken	Emulsion 1:15	Schneidöl
GG 180 HB	22	5	9
St 60	(30)	10	13
Bronze	13	7	11
			(Petroleum + Terpentin (5:4))
Aluminiumleg., ausgehärtet	(33)	23	6
Silumin	(70)	18	9

( ) Die eingeklammerten Werte dienen nur zum Vergleich. Diese Werkstoffe werden sonst nicht trocken gerieben, da die Bohrung unsauber wird und die Schneiden sich schnell abnutzen.

Werkstoffe werden trocken gerieben. Hierzu gehört in erster Linie Grauguß, bei dem die entstehenden krümeligen Späne sonst schmirgelnd wirken. Bei richtiger Kühlschmierung und Anwendung der oben genannten Richtwerte (Tabelle 2.14) erreicht man mit DIN-Reibahlen jede gewünschte Passung und eine gute Bohrungsqualität.

Beispiele:

a) Bohrung 30 H 7 reiben mit Maschinenreibahle HSS DIN 208. Reibzugabe $2\,a = 0,4$ mm, Vorbohrung 29,6 mm, Werkstoff St 60, aus Tabelle 2.14: $v =$
$= 12\cdots8$ m/min, $s = 0,4$ mm/U, Emulsion, $n_1 = \dfrac{1000}{\pi\,D}\,v = 10,6 \cdot 12 = 127$ U/ min,
$n_2 = 10,6 \cdot 8 = 85$ U/min. Wenn Drehzahlreihe R 20/3 (DIN 804) zur Verfügung steht, können die Drehzahlen $n = 90$ oder 125 U/min (je nach gewünschter Standzeit) gewählt werden.

b) Bohrung 50 H 8 reiben mit Aufsteckreibahle HM DIN 8054, Werkstoff Grauguß 220 HB Reibzugabe 0,5 mm, Vorbohrung 49,0 mm; aus Tabelle 2.14: $v = 10\cdots6$ m/min, $s = 0,5$ mm/U, trocken, $n = 6,4 \cdot v = 64\cdots38$ U/min. Bei Drehzahlreihe R 20/3 $n = 63$ oder 45 U/min.

Mit ein- oder zweischneidigen HM-Sonderreibahlen, z. B. Pendelmesser-Reibahlen (vgl. Abschn. 1.2.5) sind unter den angegebenen Voraussetzungen wesentlich höhere Schnittgeschwindigkeiten möglich. Im allgemeinen aber wird die hohe Härte der HM-Schneiden zugunsten längerer Standzeit ausgenutzt.

Beispiel [76]:

HM-Pendelmesser-Reibahle $19\cdots22$ mm ⌀ (verstellbar), Reiben von Bohrungen in Stahl Ck 55, gewählte Schnittgeschwindigkeit $v = 60$ m/min ($n = 900$ U/min), Vorschub $s = 0,25$ mm/U, trocken.

2.3.6. Bohren mit HM-Einlippenbohrern. Während die Schnittgeschwindigkeit im wesentlichen durch Werkstoff, Menge und Druck des Kühlschmiermittels bestimmt wird, hängt der Vorschub von der vorgeschriebenen Bohrungsqualität, dem Durchmesser und der von Vorschub und Schneidengeometrie abhängigen Spanform (kurzbrüchig erwünscht) ab. Allzu kleiner Vorschub führt zu vorzeitigem Verschleiß, überhöhter gefährdet die HM-Schneide. Richtwerte enthält Tabelle 2.16.

Tabelle 2.16. Richtwerte für Einlippen-Tieflochbohrer (HM)

Werkstoff-Festigkeit Härte (HB)	Schnitt-geschw. v in	Vorschub s in mm/U für Bohrerdurchmesser in mm				
N/mm²	m/min	2,5	5	10	20	40
Unlegierter Stahl						
≦700	80···100	0,005···0,01	0,01···0,02	0,02···0,05	0,04···0,08	0,06···0,12
Legierter Stahl						
≦900	63···80	0,005···0,01	0,01···0,02	0,02···0,04	0,036···0,07	0,05···0,10
nichtrostender Stahl						
leicht zerspanbar	63···90	0,005···	0,01···	0,016···	0,025···	—
schwer zerspanb.	40···71	0,01	0,02	0,04	0,06	—
Grauguß						
≦250 HB	63···100	0,01···0,05	0,02···0,08	0,04···0,1	0,08···0,2	0,10···0,25
≦450 HB	32···63	0,005···0,03	0,01···0,06	0,02···0,08	0,04···0,16	0,06···0,2
Kupfer	63···100	0,005···0,04	0,01···0,07	0,03···0,10	0,07···0,20	0,10···0,25
Aluminium-Legierungen	100···200	0,005···	0,01···	0,025···	0,05···	0,08···
Silumin	80···120	0,025	0,05	0,1	0,2	0,25

Kühlschmierung mit Hochdruck-Schneidöl (Druck und Durchlaufmenge).

Bohrerdrchm. in mm	5	10	16	25	32	40
Öldruck in bar	70···80	50···60	40···50	30···40	25···30	20
Öl-Durchlaufmenge in l/min	4···5	10···15	25···30	60···70	80···90	150

Vorteilhaft sind auch Pumpen mit pulsierendem Druck („Jet Pulser").

Beispiel:

Hydraulikkolben 40 ∅, 200 mm lang aus legiertem Stahl (Zugfestigkeit 850 N/mm²), Bohrerdrchm. 7,6 mm. Aus Tabelle 2.16: $v = 60$ m/min ($n = 2500$ U/min), $s = 0,02$ mm/U ($u = 50$ mm/min), Kühlschmierung mit geschwefeltem Schneidöl (Öldruck 65 bar, Öl-Durchlaufmenge 7 l/min), Gesamtölumlaufmenge 200 l, Öltemperatur (bei Wasserumlaufkühlung) 45 °C. Standlänge 4000 mm (20 Stück) Gesamtstückzahl je Bohrer 1600 Stück.

2.3.7. Tief- und Aufbohren mit BTA-Bohrköpfen [47, 48]. Beim Vollbohren mit hartmetallbestückten Bohrköpfen können die für Hartmetall üblichen hohen Schnittgeschwindigkeiten angewendet werden.

Beim Kernbohren dagegen liegen die v-Werte etwas niedriger, da
zusätzliche Reibungswärme am stehenbleibenden Kern entsteht. Die

Tabelle 2.17. Richtwerte für BTA-Bohrwerkzeuge
(VB Vollbohrkopf, KB Kernbohrkopf, AB Aufbohrkopf)

Werkstoff Zugfestigkeit Härte (HB) N/mm²	Schnitt-geschw. v m/min		Vorschub s in mm/U für Bohrwerkzeug-Durchmesser in mm				
			16	32	63	100	160
Unlegierter Stahl $\leqq 700$	90···125	VB	0,07	0,11	0,16 KB	0,18	0,2
		AB	—	0,12	0,2	0,25	0,3
Legierter Stahl $\leqq 900$	70···90	VB	0,06	0,10	0,15 KB	0,18	0,2
		AB	—	0,11	0,18	0,22	0,25
Nichtrostender Stahl	70···80	VB	0,05	0,09	0,14 KB	0,16	0,18
		AB	—	0,10	0,16	0,18	0,2
Grauguß 200 HB	40···50	VB	0,10	0,16	0,22 KB	0,25	0,3
		AB	—	0,2	0,25	0,3	0,4
Hartguß	32···40	VB	0,04	0,08	0,14 KB	0,16	0,16
		AB	—	0,12	0,2	0,22	0,25
Kupfer, Bronze	80···100	VB	0,10	0,16	0,2 KB	0,22	0,25
		AB	—	0,18	0,22	0,25	0,3
Aluminium	100···250	VB	0,10	0,16	0,2 KB	0,22	0,25
		AB	—	0,2	0,25	0,28	0,32
Silumin	80···100	VB	0,10	0,16	0,22 KB	0,25	0,3
		AB	—	0,2	0,25	0,3	0,36

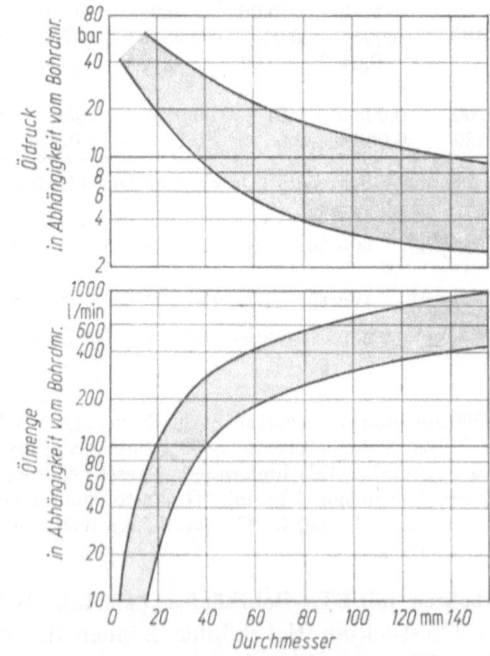

Bild 2.12. Öldruck und Ölmenge beim BTA-Bohrverfahren (Erfahrungswerte).

Vorschübe entsprechen in beiden Fällen der Vorschubreihe des Ein-
lippen-Bohrverfahrens (vgl. Abschnitt 2.3.6).
Beim Aufbohren wiederum sind die Spanungsquerschnitte kleiner und
die Reibungswiderstände bei der Spanabfuhr geringer. Dementsprechend wählt man v und s höher als beim Vollbohren. Richtwerte gibt
Tabelle 2.17. Kühlschmierung mit hochwertigen Hochdruckschneid-
ölen [50], die mit den Werkstoffen chemisch reagieren. Sie bilden eine
Festkörperschmierschicht an der Schneidstelle und verhindern Ver-
schweißen des Werkstoffs mit den Schneiden und Führungsleisten.
Erforderliche Schneidölmengen und -drücke in Bild 2.12.

Beispiele:

a) *Vollbohren.* Bohrkopfdrchm. 25 mm in Stahl C 45,290 mm tief. Aus Tabelle 2.17: $v = 120$ m/min ($n = 1500$ U/min), $s = 0,10$ mm/U ($u = 150$ mm/min)
Öldruck 15···20 bar, Ölmenge 40···50 l/min.
b) *Kernbohren.* Bohrkopfdrchm. 130 mm, Kerndrchm. 74 mm in Stahl C 60,
550 mm tief. Aus Tabelle 2.17: $v = 100$ m/min ($n = 250$ U/min), $s = 0,18$ mm/U
($u = 45$ mm/min), Öldruck 8···10 bar, Ölmenge 600 l/min.
c) *Aufbohren.* Bohrkopfdrchm. 98 mm in nahtlosem Stahlrohr mit 74 mm
licher Weite, 1000 mm lang. Aus Tabelle 2.17: $v = 115$ m/min ($n = 355$ U/min),
$s = 0,22$ mm/U ($u = 78$ mm/min), Öldruck 6···8 bar, Ölmenge 400 l/min.

2.3.8. Auf- und Feinbohren mit doppelseitigen Bohrmeißeln in Bohr-stangen.

Zum Schruppen und Schlichten werden vielfach — vor allem
in Radialbohrmaschinen — noch Bohrstangen mit HSS-Bohrmeißeln
verwendet. Hierbei liegt die Schnittgeschwindigkeit v etwa auf gleicher
Höhe wie beim Aufbohren mit Dreilippenbohrern, der Vorschub s
etwas niedriger. Er steigt auch langsamer mit dem Bohrungsdurchmesser D an. Näherungsformel [29]: $s = C\sqrt[3]{D}$. Richtwerte für die
Werkstoffkonstante C in Tabelle 2.18; Richtwerte für v und s beim
Schlichten mit doppelseitigen HSS-Bohrmeißeln in Tabelle 2.19.

Tabelle 2.18. C-Richtwerte für Vorschub-Näherungsformel $s = C\sqrt[3]{D}$

Werkstoffkonstante C		Werkstoffe (Festigkeit bzw. Härte N/mm²)
Schruppen	Schlichten	
0,080	0,063	Magnesiumlegierungen
0,071	0,056	Reinaluminium
0,063	0,050	unleg. Stahl (bis 700), Grauguß (bis 180 HB), weiche Alu-Legierungen, Kupfer
0,056	0,045	legierter Stahl (bis 900), Grauguß (bis 220 HB), Bronze, Messing, ausgehärtete Alu-Legierungen
0,050	0,040	legierter Stahl (bis 1100)
0,045	0,036	nichtrostender Stahl (gut bohrbar)

Bohrmeißel mit Hartmetallschneiden gestatten die Anwendung hoher
Schnittgeschwindigkeiten, die zerspanungstechnisch günstig sind und
eine gute Bohrungsqualität gewährleisten. Wichtig ist auch die Wahl

Tabelle 2.19. Richtwerte für Aufbohren mit doppelseitigen HSS-Bohrmeißeln (Senkrechtbohren auf Radialbohrmaschinen mit Bohrstangen)

Werkstoff Zugfestigkeit Härte (HB) N/mm²	Schnitt- geschw. v m/min	Schneid- flüssigkeit	Vorschub s in mm/U für Werkzeugdurchmesser in mm				
			40	63	100	160	250
Unlegierter Stahl							
≦ 700	20···25	Emulsion	0,16	0,20	0,22	0,25	0,32
Legierter Stahl							
≦ 900	12,5···16	Emulsion	0,13	0,16	0,20	0,22	0,25
≦1100	8,0···11	Emulsion	0,11	0,13	0,16	0,20	0,22
Nichtrostender Stahl	5···8	Emulsion	0,10	0,11	0,13	0,16	0,20
Grauguß							
≦200 HB	16···22	ohne	0,16	0,20	0,22	0,25	0,32
≦250 HB	12···16	ohne	0,13	0,16	0,20	0,22	0,25
Kupfer	40···50	Emulsion	0,16	0,20	0,22	0,25	0,32
Messing, Bronze	32···45	Emulsion	0,13	0,16	0,20	0,22	0,25
Aluminium-Leg.	40···63[1]	Emulsion	0,13	0,16	0,20	0,22	0,25
(Silumin	32···40)						
Magnesium-							
Legierungen	80···100[1]	ohne (kein Wasser!)	0,20	0,25	0,28	0,32	0,36

[1] Bei geführten Bohrstangen ist die obere Grenze für v auch durch die ausreichende Schmierung der Führungsbuchsen gegeben (Gefahr des Fressens).

Diese Werte gelten für Schlichten (Schnittbreite a 0,5···1 mm).
Für Schruppen (Schnittbreite a 2···8 mm) ist die Drehzahl 1 bis 2 Stufen niedriger, der Vorschub 1 Stufe höher zu wählen.

einer geeigneten Hartmetallsorte. Die Vorschübe richten sich nach dem Arbeitszweck. Beim Aufbohren wird mit großem (Schruppen) oder mittlerem (Schlichten) Vorschub und nicht zu hoher Schnittgeschwindigkeit gearbeitet. Beim Feinbohren sind hohe Schnittgeschwindigkeiten und kleine Vorschübe erforderlich, Richtwerte zeigt Tabelle 2.20.

2.3.9. Feinbohren mit Diamantschneiden.

Der Diamant hat als härtester Schneidstoff (vgl. Abschnitt 1.3) eine große Standlänge; er verträgt aber nur kleine Schnittkräfte. Man verwendet daher sehr hohe Schnittgeschwindigkeiten und geringe Vorschübe. Auch kann nur mit kleiner Schnittbreite (beim Feinbohren unter 0,3 mm, beim Feinstbohren unter 0,02 mm) gearbeitet werden. Für Stahl- und Gußeisenbearbeitung ist er kaum geeignet. Richtwerte enthält Tabelle 2.21.

2.3.10. Kühl- und Schmiermittel

a) *Zweck der Kühlschmierung* ist ein dreifacher: Kühlen der Werkzeugschneide, damit sie nicht durch zu hohe Schnitttemperatur ihre Härte verliert oder ausgeglüht wird; Schmieren der Kontaktstellen von Werkzeug und Werkstück und des ablaufenden Spanes, damit möglichst

Tabelle 2.20. Richtwerte für HM-Bohrmeißel in Bohrstangen (Schnittgeschwindigkeit v, Vorschub s)[1]

Werkstoff Zugfestigkeit Härte (HB) N/mm²	Aufbohren[2] (Schruppen)			Aufbohren[2] (Schlichten)			Feinbohren[3]		
	HM-Gr.	v m/min	s mm/U	HM-Gr.	v m/min	s mm/U	HM-Gr.	v m/min	s mm/U
Legierter Stahl									
≦ 900	P 20	40···70	0,2···0,4	P 10	70···100	0,16···0,3	P 05	90···120	0,05···0,1
≦1100	P 20	40···50	0,2···0,4	P 10	63···80	0,13···0,25	P 05	80···100	0,04···0,08
Edelstahl, nicht rostend, warmfest	P 10	25···40	0,16···0,4	P 10	40···70	0,1···0,25	P 05	50···90	0,03···0,07
Manganhartstahl	—	—	—	M 20	8···20	0,1···0,25	M 10	10···20	0,04···0,08
Grauguß									
≦220 HB	K 20	40···50	0,25···0,5	K 10	63···80	0,16···0,3	K 05	80···100	0,05···0,1
≦250 HB	K 10	32···40	0,2···0,4	K 05	50···63	0,13···0,25	K 05	63···80	0,04···0,08
Gußbronze	K 20	63···80	0,25···0,5	K 10	90···120	0,16···0,36	K 05	120···160	0,05···0,1
Aluminium-Legierungen	K 20	70···100	0,2···0,5	K 10	100···140	0,13···0,3	K 05	140···200	0,04···0,1
(Silumin)	(K 10	70···80)		(K 05	80···100)		(K 05	100···140)	
Magnesium-Legierungen	K 20	100···160	0,3···0,6	K 10	160···200	0,2···0,4	K 05	200···400	0,08···0,12

Schnittbreiten: beim Aufbohren (Schruppen) a max. 8 mm
                        (Schlichten) a 0,5···1 mm.
        beim Feinbohren a 0,1···0,3 mm.

Rohe Oberflächen werden vor dem Bohren zweckmäßig abgeflächt, damit der Bohrmeißel auf einer ebenen und sauberen Fläche anschneidet.

Kühlschmierung im allgemeinen nicht erforderlich. Wenn mit Schneidflüssigkeit (Emulsion, Schneidöl) gearbeitet wird, ist auf gleichmäßige reichliche Zufuhr zu achten. Sonst Ausbröckeln der HM-Schneiden.

[1] Für Oxidkeramik-Bohrmeißel: v bis zu 100% höher, aber für s untere Grenzwerte wählen.
[2] Doppelseitig schneidende Bohrmeißel für Aufbohren.
[3] Einseitig schneidende Bohrmeißel für Feinbohren.

Tabelle 2.21. *v* und *s* für das Bohren mit Diamantschneiden (Richtwerte)

Schnittgeschwindigkeit *v* allgemein mindestens 1000 m/min.	
Vorschub *s*	beim Feinbohren 0,05···0,1 mm/U
	beim Feinstbohren 0,005···0,02 mm/U
Schnittbreite *a*	bei Kupfer und Reinaluminium max. 0,1 mm,
	bei anderen NE-Metallen und bei Kunststoffen max. 0,3 mm.

wenig Reibungswärme entsteht und die Oberflächen sauber werden (besonders beim Reiben); Spülen der Schneidstelle, damit die Späne sich nicht festsetzen und den Spanungsvorgang stören können.

b) *Art der Kühlschmierung* [49]. Nur wenige Werkstoffe werden überwiegend trocken gebohrt, z. B. Grauguß, Magnesiumlegierungen (kein Wasser, sonst Brandgefahr) und die meisten Kunststoffe. Häufig wird eine gut kühlende, wasserhaltige Schneidflüssigkeit verwendet. Eine derartige Emulsion besteht z. B. aus einer Mischung von emulgierbarem Schneidöl (Mineralöl) und nicht zu hartem Wasser im Verhältnis 1:15···1:50 (je nach gewünschter Schmier- oder Kühlwirkung). Sie muß laufend durch Filter gesäubert und von Zeit zu Zeit erneuert werden. Alkalische (chemische) Emulsionen halten sich länger und sind mit bestimmten Zusätzen nicht gesundheitsschädlich. Hochlegierte Stähle und Metallegierungen (z. B. Ni-Leg.) neigen oft zum Aufsetzen und Kleben an den Schneiden und in den Werkzeugnuten. Diese Schwierigkeiten werden beim Bohren mit Sonderschneidölen überwunden. Durch Hochdruckzusätze wie Schwefel, Molybdändisulfid u. a. [50, 51] wird erreicht, daß sich in der Kontaktzone ein fest haftender Schmierfilm bildet, der die Reibung stark herabsetzt. Bohrwerkzeuge mit Innenkanälen für die Zufuhr der Schneidflüssigkeit oder Späneabfuhr verlangen hohen Kühlmitteldruck. Nur so kann eine ausreichende Kühlmittelmenge an der Schnittstelle vorhanden sein. Nähere Angaben in den Richtwertetabellen 2.5, 2.6, 2.9, 2.11, 2.13···2.16, 2.19 und 2.20.

2.4. Schnittkräfte und Leistungsbedarf

Die Kenntnis der beim Bohren auftretenden Kräfte und des Leistungsbedarfs ist nicht nur für den Maschinen- und Werkzeugkonstrukteur wichtig. Auch der Praktiker braucht diese Werte, so z. B. für das Festlegen optimaler Arbeitsbedingungen und für die Wahl geeigneter Maschinen [83, 84].

2.4.1. Vollbohren mit Wendelbohrern [52, 53, 54]

a) *Drehmoment und Vorschubkraft (Axialkraft)*. Dem Eindringen der Bohrerschneiden in das Werkstück setzt dessen Werkstoff einen Widerstand entgegen. Dieser wird gemäß Bild 2.13 durch die an beiden Schneiden auftretenden Zerspankräfte F_{z1} und F_{z2} überwunden, wo-

bei der Angriffspunkt in Schneidenmitte angenommen wird. Ihre in
Schnittrichtung verlaufenden Komponenten sind die Schnittkräfte F_{s1}
und F_{s2}, die in Vorschubrichtung verlaufenden Komponenten die
Vorschubkräfte F_{v1} und F_{v2}. Bei symmetrischem Spitzenanschliff
und gleichem Spanungsquerschnitt sind diese Einzelkräfte jeder
Schneide (allgemein als F_{sZ} bzw. F_{vZ} bezeichnet) einander gleich und
ergeben eine Gesamtschnittkraft

$$F_s = F_{s1} + F_{s2} = 2\,F_{sZ}$$

und eine Gesamtvorschubkraft

$$F_v = F_{v1} + F_{v2} = 2\,F_{vZ}\,.$$

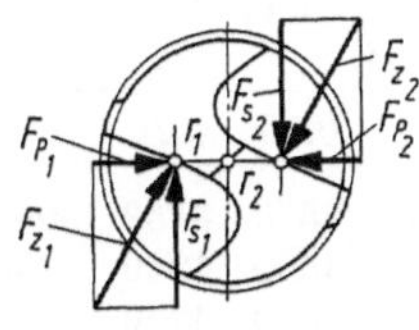

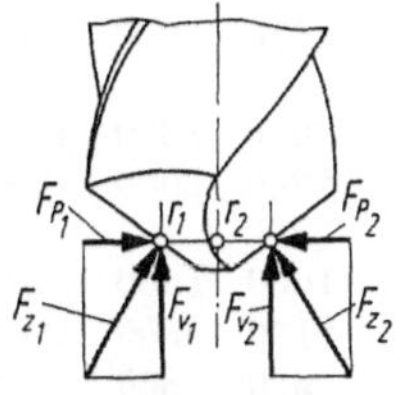

Bild 2.13. Schnittkraftkomponenten
am Wendelbohrer.

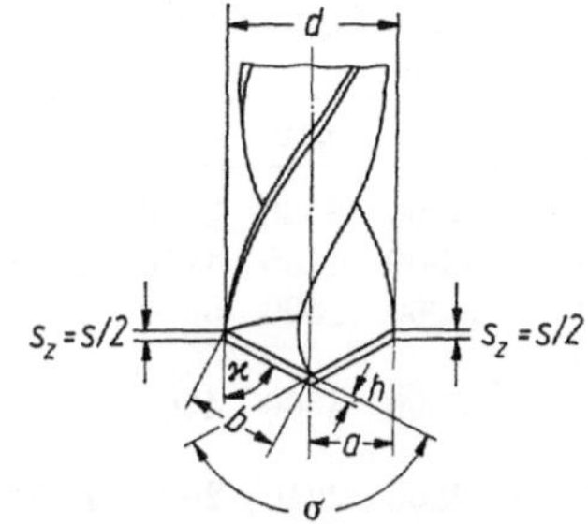

Bild 2.14. Spanungsquerschnitt beim Vollbohren
mit Wendelbohrer.

d	Bohrerdurchmesser
$a = d/2$	Schnittbreite
s	Vorschub je Umdrehung
$s_z = s/2$	Vorschub je Schneide
$b = a/\sin \varkappa$	Spanungsbreite
$\quad = d/2 \cdot 1/\sin \varkappa$	
$h = s_z \sin \varkappa = s/2 \cdot \sin \varkappa$	Spanungsdicke
$S = a\,s = d/2 \cdot s$	Spanungsquerschnitt
$S_z = b\,h = d/2 \cdot s/2$	Spanungsquerschnitt je Schneide.

Nach Bild 2.14 betragen der Spanungsquerschnitt je Schneide

$$A_Z = bh = as_Z = \frac{d}{2}\frac{s}{2}$$

und die Schnittkraft je Schneide

$$F_{sZ} = A_Z k_s = \frac{d\,s}{4}\,k_s\,,$$

wobei k_s die spezifische Schnittkraft bedeutet, d. h. diejenige Kraft,
die für die Zerspanung der Flächeneinheit erforderlich ist. Das an
den Schneiden angreifende Kraftpaar von F_{sZ} ergibt dann das
Bohrdrehmoment mit

$$M_t = F_{sZ}r = F_{sZ}\frac{d}{2} = \frac{d^2\,s}{8}\,k_s\,.$$

In gleicher Weise ergibt sich die in Vorschubrichtung liegende Komponente der Schnittkraft je Schneide als Vorschubkraft je Schneide zu

$$F_{vZ} = \frac{d\,s}{4}\,k_v \sin \varkappa$$

und die Vorschubgesamtkraft mit

$$F_v = 2\,F_{vZ} = 0{,}5\,d\,s\,k_v \sin \varkappa\,.$$

Hierin bedeutet k_v die spezifische Vorschubkraft, d. h. diejenige Kraft, die für den Vorschub der Flächeneinheit erforderlich ist. Einige Richtwerte für k_s und k_v sind in Tabelle 2.22 zusammengestellt.

Tabelle 2.22. k_v- und k_s-Werte für Vollbohren mit Wendelbohrern [29]

Werkstoff (Festigkeit, Härte) N/mm²	k_v in N/mm² bei Vorschub s mm/U					k_s in N/mm² bei Vorschub s mm/U				
	0,10	0,16	0,25	0,40	0,63	0,1	0,16	0,25	0,4	0,63
St $\leq$600	4000	3550	3350	3000	2650	3550	3350	3150	3000	2650
leg. St $\leq$900	5300	4750	4250	3750	3350	4750	4500	4250	3750	3550
leg. St $\leq$1100	6000	5300	5000	4500	3750	5300	5000	4750	4500	4000
nichtrostender Stahl	5300	4600	4000	3400	2900	4700	4300	3900	3550	3200
Grauguß 180 HB	2500	2240	2000	1700	1500	2120	2000	1800	1700	1500
220 HB	2800	2500	2240	1900	1700	2360	2240	2000	1900	1700
Kupfer	2240	2000	1700	1320	1120	1800	1600	1500	1400	1250
Bronze	2650	2360	2120	1800	1600	2240	2120	1900	1800	1600
Messing	1250	1050	900	750	630	1000	920	830	760	690
Magnesiumlegierungen	950	850	710	630	500	750	670	630	560	530
Reinaluminium	1060	950	800	710	560	850	750	710	630	600
Alu-Legierung weich	1800	1600	1400	1180	1000	1400	1320	1180	1120	1000
ausgehärtet	2500	2240	2000	1700	1500	2120	2000	1800	1700	1500

Vorstehend aufgeführte Größengleichungen gelten für nicht ausgespitzte Bohrer. Bei *Ausspitzung* der Querschneide verringern sich Drehmoment und Axialkraft. Beim Drehmoment rechnet man bis zu 5% Minderung, also

$$M_t = 0{,}95\,\frac{d^2\,s}{8}\,k_s = \frac{d^2\,s}{8{,}5}\,k_s\,,$$

wohingegen bei der Vorschubkraft die Werte um etwa 30% niedriger liegen:

$$F_v = 0{,}35\,d\,s\,k_v \sin \varkappa\,.$$

Einfacher als vorstehende Errechnung, ist die Verwendung von Schaubildern, aus denen Drehmoment (Bild 2.15) und Vorschubkräfte

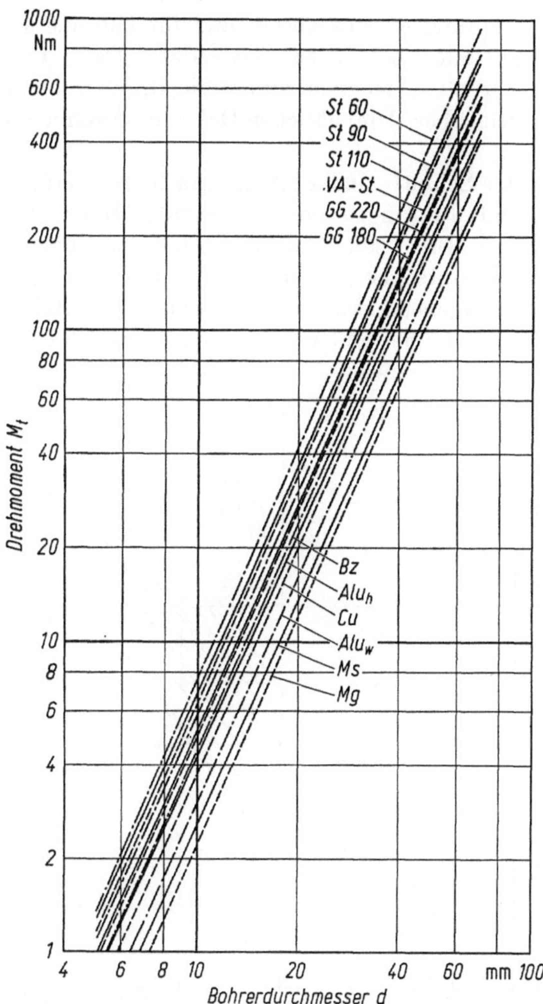

Bild 2.15. Richtwerte für Drehmoment M_t bei üblichen Vorschüben (unausgespitzte Wendelbohrer). Mit Ausspitzung liegen die Werte um etwa 5% niedriger.

(Bild 2.16) für Wendelbohrer unmittelbar abgelesen werden können. Hierbei sind die üblichen Arbeitsbedingungen gemäß den Tabellen 2.5···2.9 zugrundegelegt. Die dort angegebenen Werte sind Mittelwerte, die sich nach einer bestimmten Bohrlänge (etwa 50% der Standlänge) einstellen (Bild 2.17).

Mit zunehmender Gesamtbohrlänge steigen die Höchstwerte stetig an, zuletzt extrem stark. Das gleiche gilt bei zunehmender Tiefe der Einzelbohrung, vor allem bei Tiefen über 5 d. Hier treten dann in der Regel Spanklemmungen auf, die das Drehmoment auf das Doppelte bis Dreifache des ursprünglichen Mittelwertes heraufschnellen lassen (Bild 2.18). Es ist daher vorteilhaft, Wendelbohrer vor ihrer vollständigen Abstumpfung auszuwechseln und für besonders tiefe Bohrungen spezielle Tieflochbohrer zu verwenden. Dann braucht man nicht mit Bohrerbruch zu rechnen, zumal die Bruchdrehmomente der Wendelbohrer weit über dem üblichen Gebrauchsdrehmoment liegen (Bild 2.19).

Die Aufteilung der Schnitt- und Reibungskräfte auf Hauptschneiden, Querschneiden und Führungsfasen bei normaler Bohrtiefe (vgl. Abschnitt 1.2.2) bringt Bild 2.20. Danach ist bei der Vorschubkraft F_v der Anteil der Hauptschneiden (50···40%) und der Querschneide (42···58%) ausschlaggebend, während sich Span- und Reibungswiderstände — bei guter Kühlschmierung — nur wenig (8···2%, je nach

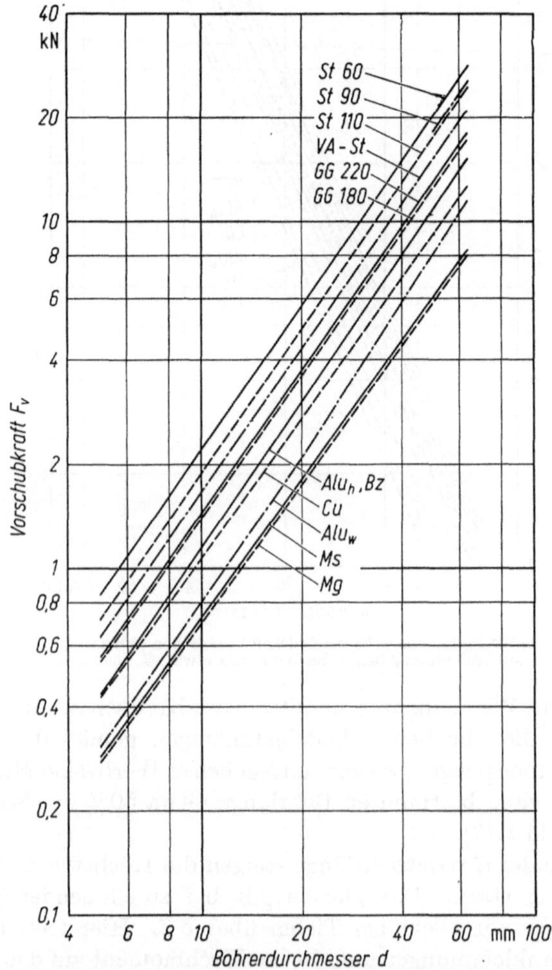

Bild 2.16. Richtwerte für Vorschubkraft F_v bei üblichen Vorschüben (unausgespitzte Wendelbohrer). Für Bohrer *mit Ausspitzung* liegen die Werte im Durchmesserbereich 10 bis 50 mm um 20 bis 30%, im Bereich über 50 mm um 10 bis 20% niedriger.

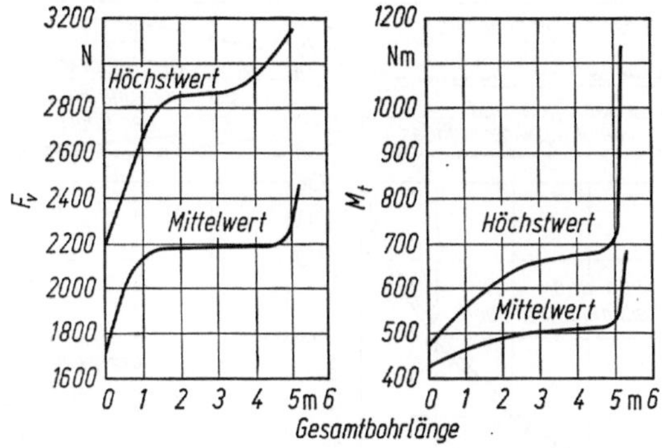

Bild 2.17. Vorschubkraft und Drehmoment eines 10 mm-Wendelbohrers, abhängig von der Gesamtbohrlänge (Stock).

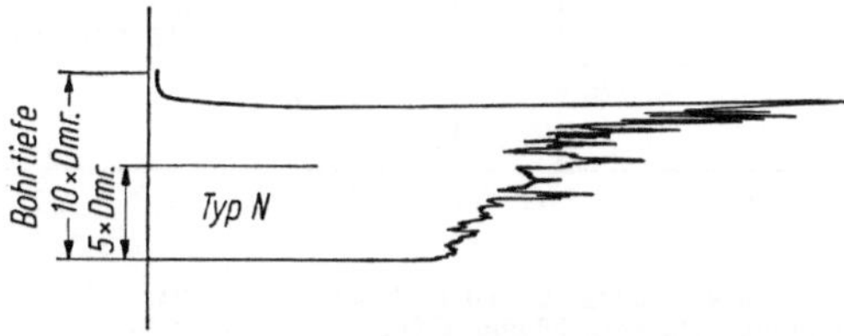

Bild 2.18. Bohrschaubild (Stock): Drehmoment abhängig von Bohrtiefe (C 60, Wendelbohrer 23 mm ⌀).

Bild 2.19. Bruchdrehmoment handelsüblicher Wendelbohrer (vergleichsweise Gebrauchsdrehmomente).

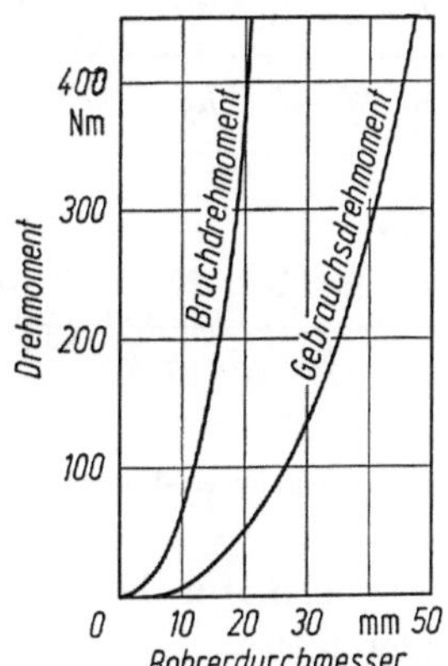

Vorschub) auswirken. Beim Drehmoment dagegen geben die Hauptschneiden den Ausschlag (70···90%). Die übrigen Anteile schwanken zwischen 20 und 6% (Span- und Fasenreibung) bzw. 10 und 4% (Querschneide). Drehmomentwerte aus amerikanischen (Angaben in inch lbf, d. h. inch pound-force) oder englischen (foot lbf, d. h. foot pound-force) Quellen können mit Hilfe der Vergleichsmaßstäbe im Bild 2.21 leicht in Nm umgerechnet werden.

b) *Zerspan- und Maschinenleistung.* Beim Feststellen der Zerspanleistung ist zu unterscheiden zwischen der an der Bohrspindel zur Verfügung zu stellenden Schnitt- und Vorschubleistung einerseits und

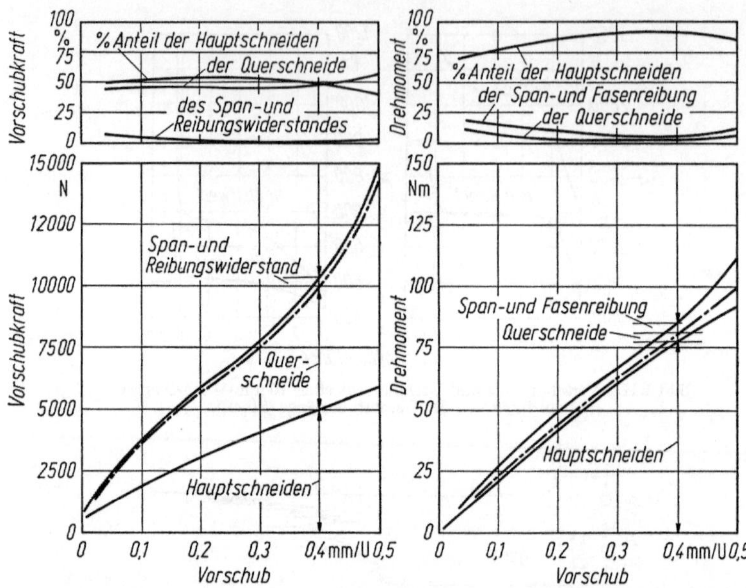

Bild 2.20. Aufteilung von Vorschubkraft und Drehmoment bei verschiedenen Vorschüben. Bohrerdurchmesser 26 mm, C 60, Bohrtiefe 50 mm.

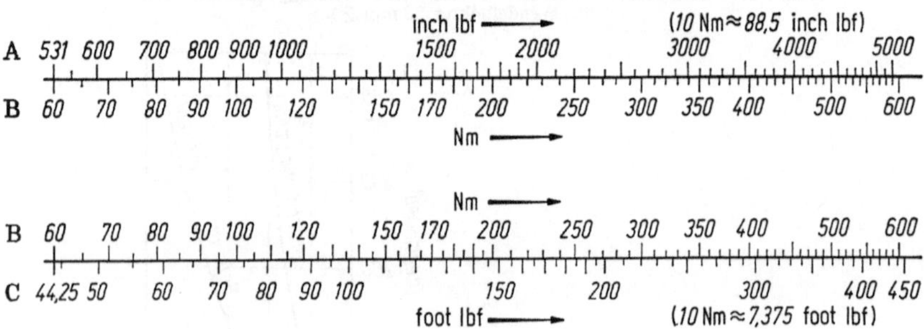

Bild 2.21. Drehmoment-Umrechnungsmaßstäbe (inch lbf und foot lbf in Nm).

der vom Antriebsmotor der Bohrmaschine aufzubringenden Antriebsleistung andererseits.

Während die Schnittleistung als Umlaufbewegung sich aus Drehmoment (Bild 2.15) mal Drehzahl errechnen läßt, ergibt sich die Vorschubleistung als Geradbewegung aus Vorschubkraft mal Vorschubgeschwindigkeit. Setzt man das Drehmoment in Nm ein, die Drehzahl n in 1/min, die Vorschubkraft in N und die Vorschubgeschwindigkeit u in mm/min als Produkt aus Vorschubweg s in mm mal Spindeldrehzahl n in 1/min, so erhält man die Leistung in kW nach folgender Zahlenwertgleichung

$$P_z = P_s + P_v = \frac{M_t\, n}{9550} + \frac{F_v\, s\, n}{10^6 \cdot 60}.$$

Die Vorschubleistung ist infolge der sehr kleinen Vorschubgeschwindigkeit vernachlässigbar klein (weit unter 1% der Schnittleistung). Sie wird in der Regel zur Leistungsermittlung nicht herangezogen. Die Schnittleistung wird beeinflußt durch Werkstoff, Bohrerdurchmesser, Schnittgeschwindigkeit und Vorschub, aber auch durch Bohrtiefe und Zustand der Bohrerschneiden. Erfahrungswerte aufgrund üblicher Arbeitsbedingungen bringt Bild 2.22.

Als Maschinenleistung ist die Antriebsleistung P_a anzusehen. Sie ergibt sich aus der Schnittleistung P_s und dem Gesamtwirkungsgrad der Bohrmaschine η als

$$P_a = P_s/\eta \ .$$

Der Maschinenwirkungsgrad η beträgt bei voller Ausnutzung der Maschinenleistung im allgemeinen 80···90%.

Einfacher und schneller (allerdings auch nur angenähert) erhält man P_a aus dem Spanvolumen V_s und einem Erfahrungswert für die zulässige (erreichbare) Spanmenge V_{zul}.

$$P_a = V_s/V_{zul} \ ,$$

worin $V_s = d\,s\,v/4$. Man erhält V_s in cm³/min, wenn wie üblich d den Bohrerdurchmesser in mm, s den Vorschub in mm/U und v die Schnittgeschwindigkeit in m/min bezeichnet. Richtwerte für V_{zul} enthält Tabelle 2.23.

Tabelle 2.23. Richtwerte für die beim Bohren zulässige (erreichbare) Spanmenge V_{zul}

Werkstoff (Festigkeit, Härte in N/mm²)		V_{zul} in cm³/min kW für Bohrerdurchmesser in mm		
		5	20	80
Unleg. Stahl	$\leq$ 500	10,5	12	13,5
	$\leq$ 600	9,5	11	12,5
Legierter Stahl	$\leq$ 700	8	9,5	11
	$\leq$ 900	6,5	8	9,5
	$\leq$1100	6	7	8
Nichtrostender Stahl (gut bohrbar)		6,5	8	9,5
Grauguß $\leq$200 HB		16	19	22
$\leq$240 HB		14	16	18
Kupfer, feste Kupfer- und Aluminiumlegierungen $\leq$160 HB		15	17,5	20
Weiche Kupfer- und Aluminiumleg. $\leq$100 HB		18	23	28
Reinaluminium		24	29	34
Magnesiumlegierungen		48	60	72

Beispiele:
a) Bohrungen 25 mm in Grauguß (GG-25, 200 HB), 50 mm tief, mit Wendelbohrer DIN 345 N aus HSS. Schnittbedingungen: $v = 22$ m/min, $n = 280$ U/min, $s = 0,36$ mm/U (vgl. Abschnitt 2.3.1).

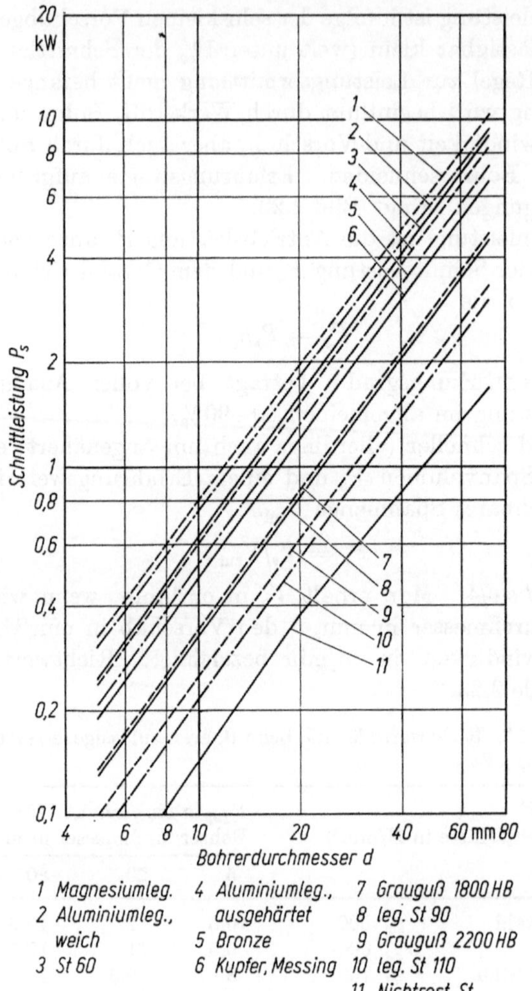

1 Magnesiumleg.   4 Aluminiumleg.,   7 Grauguß 1800 HB
2 Aluminiumleg.,   ausgehärtet   8 leg. St 90
  weich   5 Bronze   9 Grauguß 2200 HB
3 St 60   6 Kupfer, Messing   10 leg. St 110
                                             11 Nichtrost. St

Bild 2.22. Erfahrungswerte für die Schnittleistung P_s (Nutzleistung) beim Bohren mit Wendelbohrern (Stock).

Drehmoment $M_t = \dfrac{d^2\, s}{8500}\, k_s$, aus Tabelle 2.22: $k_s = 1920$ N/mm²,

$$M_t = \frac{625 \cdot 0{,}36 \cdot 1920}{8500} = 51 \text{ Nm}$$

Schnittleistung $P_s = \dfrac{M_t\, n}{9550} = \dfrac{51 \cdot 280}{9550} = 1{,}5$ kW

Antriebsleistung der Maschine $P_a = P_s/\eta = 1{,}5 : 0{,}6 = 2{,}5$ kW (bei Maschinenwirkungsgrad $\eta = 0{,}6$).

Vereinfachte Leistungsbestimmung mit Hilfe der Tabelle 2.23: $V_{zul} = 20$ cm³/min kW, $P_a = V_s/V_{zul}$,

$$V_s = \frac{d\, s\, v}{4} = \frac{25 \cdot 0{,}36 \cdot 22}{4} = 49{,}5 \text{ cm}^3/\text{min},$$

Antriebsleistung $P_a = 49{,}5 : 20 \approx 2{,}5$ kW.

b) Bohrungen 10 mm in ausgehärtete Aluminiumlegierung, 60 mm tief, mit Wendelbohrer DIN 338 W aus HSS; $v = 50$ m/min, $n = 1600$ U/min, $s = 0,14$ mm/U, Drehmoment $M_t = \dfrac{100 \cdot 0,14}{8500} \, 2040 = 3,36$ Nm; darin $k_s = 2040$ N/mm² (aus Tabelle 2.22):

Schnittleistung $P_s = \dfrac{3,36 \cdot 1600}{9550} = 0,56$ kW,

Antriebsleistung $P_a = 0,56 : 0,5 = 1,1$ kW (bei $\eta = 0,5$).

Vereinfachte Leistungsbestimmung $P_a = V_s / N_{zul}$,

$V_{zul} = 16$ cm³/min kW (Tabelle 2.23), $V_s = \dfrac{10 \cdot 0,14 \cdot 50}{4} = 17,5$ cm³/min,

Antriebsleistung $P_a = 17,5 : 16 \approx 1,1$ kW.

c) Bohrungen 16 mm in weicher Bronze (GBz), 40 mm tief, mit HM-Wendelbohrer DIN 8041; $v = 70$ m/min, $n = 1400$ U/min, $s = 0,14$ mm/U.

$M_t = \dfrac{256 \cdot 0,14 \cdot 2160}{8500} = 9,1$ Nm, darin $k_s = 2160$ N/mm² (aus Tabelle 2.22)

$P_s = \dfrac{9,1 \cdot 1400}{9550} = 1,33$ kW; $P_a = 1,33 : 0,65 = 2,05$ kW (bei $\eta = 0,65$).

Vereinfachte Leistungsbestimmung $V_{zul} = 20$ cm³/min kW (Tabelle 2.23),

$V_s = \dfrac{16 \cdot 0,14 \cdot 70}{4} = 39,2$ cm³/min, $P_a = 39,2 : 20 = 1,96 \approx 2$ kW.

2.4.2. Aufbohren mit Wendelsenkern. Beim Aufbohren ist ein ringförmiger Bohrungsquerschnitt zu zerspanen. Seine Breite a hängt nicht nur vom Werkzeugdurchmesser D, sondern auch vom Durchmesser der Vorbohrung d ab. Es ist Schnittbreite $a = 0,5 \, (\mathrm{D} - d)$. Weitere

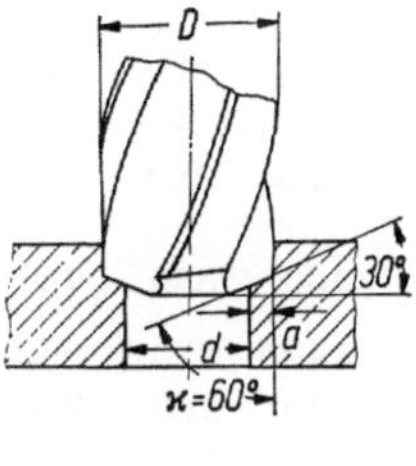

Bild 2.23. Spanungsquerschnitt beim Aufbohren.

Einflußgrößen (Bild 2.23) sind Einstellwinkel $\varkappa$, Vorschub s und die spezifischen Schnittkräfte k_v (für Vorschubkraft) und k_s (für Schnittkraft).

a) Die *Vorschubkraft* F_v ergibt sich aus $F_v = a \, s \, k_v \sin \varkappa$. Für den bei Wendel- und Aufstecksenkern üblichen Einstellwinkel $\varkappa = 60°$ (Anschnittwinkel 30°) sind Einheitswerte für die Vorschubkraft in Tabelle 2.24 zusammengestellt. Sie gelten für $a = 1$ und können für andere Schnittbreiten leicht umgerechnet werden.

b) Für die *Schnittkraft* F_s gilt $F_s = a \, s \, k_s$. Tabelle 2.25 enthält Einheitswerte für F_s bei $a = 1$, aus denen sich andere Schnittbreiten proportional umrechnen lassen.

c) Die *Schnittleistung* P_s wird ermittelt aus F_s und Schnittgeschwindigkeit v nach der Gleichung $P_s \, (\mathrm{kW}) = F \, (\mathrm{N}) \, v \, (\mathrm{m/min}) \cdot 1/(6 \cdot 10^4)$.

Tabelle 2.24. Vorschubkraft F_v beim Aufbohren (Wendelsenker)

(Richtwerte für Schnittbreite $a = 1$ mm, Einstellwinkel $\varkappa$ 60°)

Werkstoff (Festigkeit, Härte N/mm²)	Vorschubkraft F_{v1} in N bei Vorschub							
	$s = 0{,}1$	0,12	0,18	0,25	0,36	0,5	0,71	1,0 mm/U
St $\leq$500	120	140	180	220	280	340	420	—
St $\leq$600	140	160	200	240	300	370	470	—
Nichtrostender Stahl (gut bohrbar)	190	220	270	330	410	490	—	—
Legierter Stahl $\leq$1000	220	250	310	390	490	600	—	—
Grauguß 180 HB	100	120	150	170	220	260	320	390
220 HB	110	130	160	200	240	300	360	—
Kupfer, Bronze, Aluminium-Leg. $\leq$100 HB	100	120	150	170	220	260	320	390
Weiche Al-Leg.	80	90	110	140	160	200	250	300
Messing (Ms 58)	50	60	80	100	120	140	170	230
Magnesium-Leg.	40	50	60	70	90	100	120	160

Tabelle 2.25. Schnittkraft F_{s1} beim Aufbohren (Wendelsenker)
(Richtwerte für $a = 1$ mm, Einstellwinkel $\varkappa$ 60°)

Werkstoff (Festigkeit, Härte N/mm²)	Schnittkraft F_{s1} in N bei Vorschub							
	$s = 0{,}1$	0,12	0,18	0,25	0,36	0,5	0,71	1,0 mm/U
St $\leq$500	280	330	450	590	790	1050	1350	—
St $\leq$600	310	370	500	690	880	1150	1500	—
Nichtrostender Stahl (gut bohrbar)	420	480	650	820	1050	1400	—	—
Legierter Stahl $\leq$1000	460	550	750	1000	1300	1700	—	—
Grauguß 180 HB	190	220	290	380	490	630	820	1060
220 HB	220	250	330	430	550	700	920	—
Kupfer, Bronze, Aluminium-Leg. $\leq$100 HB	190	220	290	380	490	630	820	1060
Weiche Al-Leg.	160	190	240	300	390	500	630	800
Messing (Ms 58)	110	130	170	220	290	380	490	630
Magnesium-Leg.	80	100	130	160	210	280	360	470

d) Beim Berechnen der *Antriebsleistung der Maschine* P_a wird zusätzlich der Maschinenwirkungsgrad η berücksichtigt: $P_a = P_s/\eta$.

Beispiel (Arbeitsbedingungen aus Tabelle 2.11):
Aufbohren mit Wendelsenker (blank) DIN 343, 40 mm in Kupfer, Vorbohrung 36 mm, Schnittbreite $a = 2$ mm, $v = 40$ m/min, $s = 0{,}45$ mm/U, Emulsion.
Aus Tabelle 2.24 Vorschubkraft $F_v = a\,F_{v1} = 2 \cdot 240 = 480$ N, aus Tabelle 2.25

Schnittkraft $F_s = a\,F_{s1} = 2 \cdot 560 = 1120$ N, Schnittleistung $P_s = \dfrac{F_s\,v}{6 \cdot 10^4} = \dfrac{1120 \cdot 40}{6 \cdot 10^4} = 0{,}75$ kW.

Antriebsleistung der Maschine $P_a = P_s/\eta = 0{,}75:0{,}7 \approx 1{,}1$ kW (bei Maschinenwirkungsgrad $\eta = 0{,}7$).

2.4.3. Senken und Reiben. Schnittkräfte und Leistungsbedarf beim Formsenken oder Abflächen können mit Hilfe der für Aufbohren geltenden Formeln (Abschnitt 2.4.2) berechnet werden. Nur ist neben der Schnittbreite a gegebenenfalls (bei Vorschubkraft F_v) der veränderte Einstellwinkel $\varkappa$ (z. B. bei Stirnsenkern $\varkappa = 90°$) zu berücksichtigen. Beim Reiben treten neben den eigentlichen Schnittkräften zusätzliche Klemmkräfte unterschiedlicher Größe auf, und zwar an den Nebenschneiden, mit denen die Bohrung geglättet wird. Diese Kräfte hängen von der Fasenbreite b_f und dem verwendeten Kühlmittel ab (vgl. auch Überweiten-Tabelle 2.15). Sie sind daher nicht genau zu berechnen. Im Vergleich zum Aufbohren (Tabelle 2.26)

Tabelle 2.26. Vergleich der Vorschubkräfte F_v und Drehmoment M_t beim Aufbohren und Reiben[1] (Aufsteckreibahle, HSS, 30 mm)

Werkstoff	Grauguß 180 HB		unleg. Stahl (St 60)	
Vorschubkraft	Aufbohren	Reiben	Aufbohren	Reiben
F_v in N	750	50	320	120
Drehmoment				
M_t in Ncm	2500	110	1300	80
Schnittbedingungen:				
beim Aufbohren	Vorbohrung 25 mm		Vorbohrung 28 mm	
	Schnittbreite $a = 2{,}5$ mm		Schnittbreite $a = 1$ mm	
	$v = 20$ m/min,		$v = 22$ m/min, $s = 0{,}4$ mm/U	
	$s = 0{,}5$ mm/U		Kühlschmierung mit	
	trocken		Emulsion 1:15	
beim Reiben	Vorbohrung 29,4 mm		Vorbohrung 29,6 mm	
	$a = 0{,}3$ mm		$a = 0{,}2$ mm	
	$v = 10$ m/min,		$v = 12$ m/min,	
	$s = 0{,}63$ mm/U		$s = 0{,}5$ mm/U	
	trocken		Emulsion 1:15	

[1] Nach Angaben von Prof. H. Schallbroch, München.

haben sie aber keine Bedeutung, so daß ihre Berechnung selten erforderlich wird.

2.4.4. Tiefbohren mit Einlippenbohrern. Beim Bohren mit Einlippenbohrern beträgt die Schnittbreite $0{,}5\,d$. Neben dem Vorschub spielt für das Berechnen der Schnittkräfte die spezifische Schnittkraft k_s (abhängig von Werkstoff und Vorschub) eine Rolle.

a) Für die *Schnittkraft* $F_s = 0{,}5\,d\,s\,k_s$ sind in Tabelle 2.27 Richtwerte zusammengestellt, und zwar für einige typische Werkstoffe und die hierfür üblichen Vorschübe.

Tabelle 2.27. Schnittkräfte beim Tiefbohren mit Einlippenbohrern

| Bohrer $\varnothing$ | Schnittkraft F_s in N für s mm/U und Werkstoff | | | | | | | |
| | 50CrV4 | | C60 | | GG-25 | | GAl | |
mm	s	F_s	s	F_s	s	F_s	s	F_s
5	0,006	130	0,01	120	0,016	70	0,02	80
	0,01	150	0,016	160				
10	0,016	500	0,02	450	0,03	250	0,04	280
	0,02	600	0,025	550				
16	0,02	950	0,025	900	0,05	550	0,06	600
	0,03	1350	0,04	1300				
25	0,04	2500	0,05	2400	0,07	1100	0,08	1200
	0,05	3000	0,06	2900				
32	0,05	3850	0,06	3700	0,08	1600	0,10	1800
	0,06	4500	0,08	4350				
40	0,07	6200	0,08	5600	0,10	2300	0,12	2600
	0,08	6800	0,10	6600				

b) Die *Schnittleistung* P_s ergibt sich wieder aus Schnittkraft mal Schnittgeschwindigkeit. Bei Einsatz von F_s in N und v in m/min erhält man P_s in kW aus der Zahlenwertgleichung

$$P_s(\text{kW}) = \frac{F_s\,(\text{N})\,v\,(\text{m/min})}{6 \cdot 10^4}.$$

Tabelle 2.28 bringt die hieraus ermittelten Werte.

Tabelle 2.28. Leistungsbedarf beim Tiefbohren mit Einlippenbohrern

| Bohrer $\varnothing$ | Schnittleistung P_s in kW für Werkstoff | | | |
| | 50 CrV4 | C60 | GG-25 | GAl |
mm	$v = 75$	100	60	120 m/min
5	0,16···0,2	0,2···0,27	0,07	0,16
10	0,6···0,8	0,8···0,9	0,25	0,56
16	1,2···1,7	1,5···2,2	0,55	1,2
25	3,2···3,8	4,0···4,8	1,1	2,4
32	4,8···5,6	6,2···7,3	1,6	3,6
40	7,8···8,5	9,3···11,0	2,3	5,2

Vorschübe s wie in Tabelle 2.27.

c) Die *Antriebsleistung* P_a der Bohrmaschine ergibt sich unter Berücksichtigung des Maschinenwirkungsgrades η als $P_a = P_s/\eta$. Bei einem $\eta = 0,8$ erhält man $P_a = 1,25\,P_s$.

2.4.5. Bohren mit BTA-Bohrwerkzeugen. Beim Arbeiten mit BTA-Bohrwerkzeugen können die Schnittkräfte und der Leistungsbedarf wie beim Vollbohren mit Einlippenbohrern (Abschnitt 2.4.4) bzw. beim Aufbohren mit Bohrstangen (Abschnitt 2.4.6) ermittelt werden;

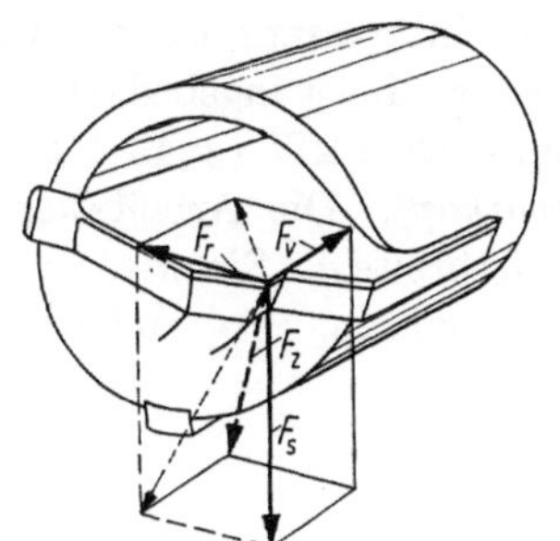

Bild 2.24. Kräfteverteilung am Vollbohrkopf.
F_s Hauptschnittkraft, F_v Vorschubkraft,
F_r Rückkraft (Passivkraft), F_z Zerspankraft.

a) *Vollbohrkopf.* Die Kräfteverteilung am Vollbohrkopf ist in Bild 2.24 dargestellt. Richtwerte der Kräfte enthält Bild 2.25. Weitere Erfahrungswerte für St 70 und Leichtmetalle sind in den Tabellen 2.29 und 2.30 wiedergegeben. Die Antriebsleistung P_a wird in bekannter Weise berechnet aus

$$P_a \text{ (kW)} = P_s/\eta = \frac{a \text{ (mm) } s \text{ (mm) } k_s \text{ (N/mm}^2\text{) } v \text{ (m/min)}}{6 \cdot 10^4 \cdot \eta};$$

Tabelle 2.29. BTA-Arbeitswerte für St 70 (Vollbohren und Kernbohren mit HM)

Bohr- Ø	Messer- breite	Dreh- zahl	Schnitt- geschw.	Vorschub		spez. Schnitt- kraft	Schnitt- kraft	Schnitt- leistung
mm	a mm	n U/min	v m/min	s mm/U	u mm/min	k_s N/mm²	F_s N	P_s kW
A. *Vollbohren*								
20	10	1900	120	0,07	135	4200	2940	5,9
				0,1	190	4000	4000	8,0
30	15	1350	130	0,085	105	4100	5228	11,3
				0,125	170	3900	7313	15,8
40	20	1100	140	0,10	110	4000	8000	18,7
				0,15	155	3800	11400	26,6
60	30	740	140	0,13	95	3900	15210	35,5
				0,17	125	3650	18615	43,4
B. *Kernbohren*								
60	17	740	140	0,13	95	3900	8619	20,1
				0,17	125	3650	10549	24,6
80	23	480	120	0,15	110	3750	12938	25,9
				0,2	150	3500	16100	32,2
100	28	380	120	0,175	65	3700	18130	36,3
				0,225	86	3400	21420	42,8
150	32	250	120	0,2	50	3500	22400	44,8
				0,25	65	3350	26800	53,6
200	37	190	120	0,25	47	3350	30988	62,0
				0,3	55	3200	35520	71,0

b) *Kernbohrkopf.* Infolge des ringförmigen Bohrungsquerschnittes (Bild 2.26) liegen die Kräfte und der Leistungsbedarf beim Kernbohren niedriger als beim Vollbohren. Erfahrungswerte in den Tabellen 2.29

und 2.30. Interessant ist der Vergleich bei St 70 und 60 mm Bohrdurchmesser: Leistungsbedarf beim Vollbohren $P_s = 35{,}5$ kW, beim Kernbohren 20,1 kW ($\hat{=}43\%$ Ersparnis);

c) *Aufbohrkopf.* Die Arbeitswerte für Aufbohren richten sich nach der Schnittbreite a. Sie wird meist um etwa 20% kleiner gewählt als beim Kernbohren. Da außerdem die Reibung zwischen Kern und

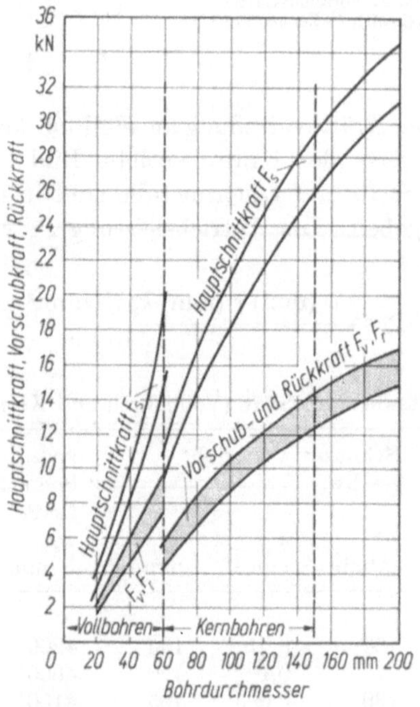

Bild 2.25. Schnittkräfte beim Bohren mit BTA-Bohrköpfen.

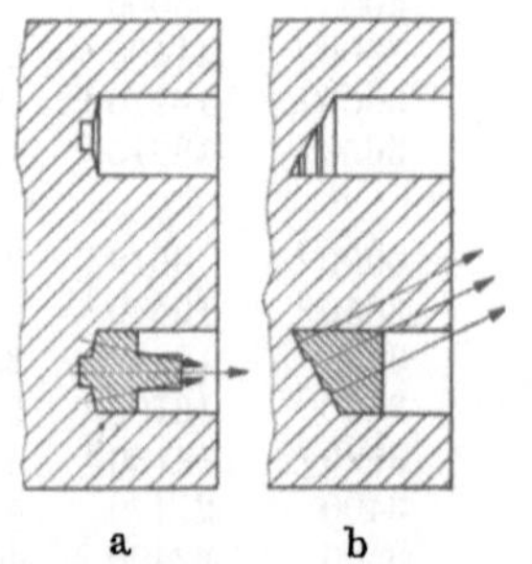

Bild 2.26. Einstechen einer ringförmigen Nut für anschließendes Kernbohren. a) mit T-förmiger Schneide (axialer Spanablauf); b) mit schräg abgestufter Schneide (seitlicher Spanablauf).

a   b

Nebenschneide fortfällt, ist der Leistungsbedarf beim Aufbohren spürbar niedriger als beim Kernbohren.

2.4.6. Bohren mit Bohrstangen. Beim Aufbohren und Feinbohren mit Bohrmeißeln, die in Bohrstangen eingesetzt sind, kann mit doppelseitig oder einseitig schneidendem Meißel gearbeitet werden. In beiden Fällen ist der Gesamtspanungsquerschnitt $S = a\,s$ (Bild 2.27).

104

Tabelle 2.30. BTA-Arbeitswerte für legiertes Aluminium (im Vergleich zu Rein-
aluminium)

| Bohr-⌀ | Messer-breite | Dreh-zahl | Schnitt-geschw. | Vorschub | | spez. Schnitt-kraft | Antriebs-leistung[1] |
| | a | n | v | s | u | k_s | P_a |
mm	mm	U/min	m/min	mm/U	mm/min	N/mm²	kW
A. Vollbohren							
10	5	6250	200	0,032	200	1700	1,1
		(9550)	(300)	(0,021)	(200)	(1200)	(0,8)
20	10	3180	200	0,063	200	1280	3,4
		(6250)	(400)	(0,032)	(200)	(1150)	(3,1)
30	15	2600	250	0,125	300	1100	10,7
		(4200)	(400)	(0,07)	(300)	(1030)	(9,0)
40	20	2400	300	0,12	300	1100	16,5
		(3900)	(500)	(0,075)	(300)	(1020)	(15,9)
50	25	1900	300	0,21	400	1180	38,7
		(3200)	(500)	(0,125)	(400)	(900)	(29,3)
B. Kernbohren							
60	21	1600	250	0,19	250	970	20,2
		(2600)	(500)	(0,085)	(250)	(1000)	(18,6)
70	24	1250	250	0,22	250	900	24,8
		(2200)	(500)	(0,10)	(250)	(980)	(24,5)
90	28	1050	300	0,24	250	820	34,4
		(2100)	(600)	(0,115)	(250)	(920)	(37,0)
130	31	725	300	0,34	250	640	42,2
		(1450)	(600)	(0,17)	(250)	(800)	(52,7)
200	34	550	350	0,45	250	590	65,8
		(1000)	(650)	(0,24)	(250)	(640)	(70,7)

[1] Angenommener Maschinenwirkungsgrad $\eta = 0,8$.

a) Die *Vorschubkraft* F_v hängt von s, außerdem von der spezifischen
Schnittkraft k_v (durch Werkstoff und Spanungsdicke bedingt) und
dem Einstellwinkel der Schneide $\varkappa$ ab. $F_v = a\,s\,k_v \sin\varkappa$. Richtwerte
für k_v in Tabelle 2.31.

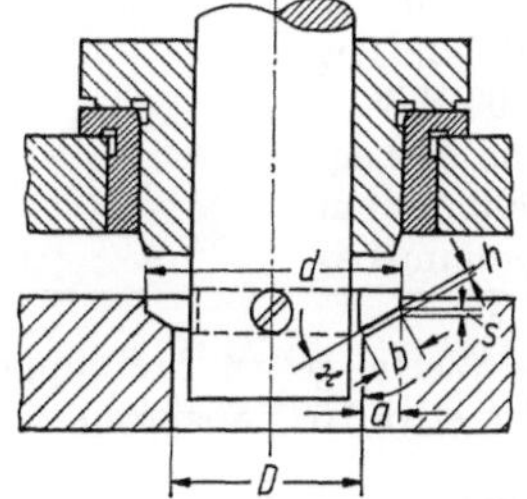

Bild 2.27. Spanungsquerschnitt beim Aufbohren
mit Bohrstange (einseitig schneidend).
d Bohrmeißeldurchmesser
D Durchmesser des aufzubohrenden Loches
s Vorschub je Spindelumdrehung
a Schnittbreite $a = (d - D)/2$
b Spanungsbreite $b = a/\sin\varkappa$
h Spanungsdicke $h = s \cdot \sin\varkappa$
S_z Spanungsquerschnitt je Schneide
S Spanungsquerschnitt gesamt $S = S_z = a \cdot s$

b) Für die *Schnittkraft* F_s gilt in gleicher Weise $F_s = a\,s\,k_s$. Richtwerte für k_s in Tabelle 2.32.

c) Das an der Bohrspindel erforderliche *Drehmoment* ergibt sich dann, bei einem Hebelarm der Schnittkraft von $r = 0,5\,(d - a)$, zu $M_t = 0,5\,F_s\,(d - a)$.

d) Die *Schnittleistung* P_s und die *Antriebsleistung* P_a lassen sich wiederum berechnen aus den Gleichungen

$$P_s = F\,v \qquad \text{und} \qquad P_a = P_s/\eta\,.$$

Tabelle 2.31. Spez. Vorschubkraft k_v beim Aufbohren mit Bohrstangen

Werkstoff (Festigkeit, Härte N/mm²)	k_v-Richtwerte in N/mm² für Vorschub					
$s =$	0,1	0,16	0,25	0,4	0,63	1,0 mm/U
St $\leqq 500$	1800	1700	1600	1500	1320	–
$\leqq 600$	2000	1900	1700	1600	1500	
Nichtrostender Stahl						
(gut bohrbar)	2650	2500	2240	2120	1900	–
Legierter Stahl bis 1100	3000	2800	2650	2500	2240	–
Grauguß 180 HB	1250	1180	1060	1000	900	800
220 HB	1400	1320	1180	1120	1000	–
Kupfer, Cu- und AluminiumLeg.						
$\leqq 100$ HB	1120	1060	950	900	800	–
Weiche Al-Leg.	900	850	750	710	630	–
Reinaluminium	530	480	450	430	380	–
Magnesium-Leg.	480	430	400	380	340	300

Tabelle 2.32. Spez. Schnittkraft k_s beim Aufbohren mit Bohrstangen

Werkstoff (Festigkeit, Härte N/mm²)	k_s-Richtwerte in N/mm² für Vorschub					
$s =$	0,1	0,16	0,25	0,4	0,63	1,0 mm/U
St $\leqq 500$	3150	3000	2800	2500	2360	–
$\leqq 600$	3550	3350	3000	2800	2650	–
Nichtrostender Stahl						
(gut bohrbar)	4750	4250	4000	3550	3150	–
Legierter Stahl bis 1100	5300	5000	4500	4250	4000	–
Grauguß 180 HB	2120	1900	1800	1600	1500	1320
220 HB	2360	2240	2000	1800	1700	–
Kupfer, Cu- und Aluminium-Leg.						
$\leqq 100$ HB	1800	1600	1500	1400	1250	–
Weiche Al-Leg.	1400	1320	1180	1060	950	–
Reinaluminium	850	800	710	630	560	–
Magnesium-Leg.	750	710	630	560	500	450

Diese Werte gelten für doppelseitig schneidende Meißel; bei einseitig schneidenden etwa 15% abziehen.

Beispiel:

Schlichten einer Bohrung 100 mm mit beidseitig schneidendem HSS-Stirnmeißel (in Bohrstange), Werkstoff: legierter Stahl mit Zugfestigkeit 1000 N/mm², Vorbohrung 98 mm.

Schnittbreite $a = 1$ mm, (aus Tabelle 2.19) $v = 10$ m/min, $s = 0,16$ mm/U.
Vorschubkraft $F_v = a\,s\,k_v \sin\varkappa$ ($\varkappa = 90°$), $k_v = 2800$ N/mm² (Tabelle 2.31)
$$= 1 \cdot 0,16 \cdot 2800 \cdot 1 = 448 \text{ N},$$
Schnittkraft $F_s = a\,s\,k_s = 1 \cdot 0,16 \cdot 5000 = 800$ N, $k_s = 5000$ N/mm² (Tabelle 2.32),
Drehmoment $M_t = 0,05\,F_s(D - a) = 0,05 \cdot 800 \cdot 99 = 396$ Ncm.

Schnittleistung $P_s = F_s v = \dfrac{800 \cdot 10}{6 \cdot 10^4} = 0,13$ kW,

Antriebsleistung der Maschine $P_a = P_s/\eta = 0,13:0,50 = 0,26$ kW (bei Maschinenwirkungsgrad $\eta = 0,5$).

2.5. Maßnahmen für erhöhte Wirtschaftlichkeit

Die Wirtschaftlichkeit eines Bohrverfahrens wird nicht allein durch die an der Maschine eingestellte Vorschubgeschwindigkeit $u = n\,s$ bestimmt. Selbst wenn es gelingt, diese Arbeitsgeschwindigkeit durch erhöhte Werkzeugstandzeit (z. B. durch besonders hochwertigen Schneidstoff) und erweiterte Belastungsgrenzen der Maschine (stärkeren Maschinentyp) erheblich zu steigern, so ist damit noch nicht gesagt, daß sich auch die Stückzeit merklich verringert. Dann treten nämlich die Neben- und Werkzeugwechselzeiten mehr in den Vordergrund. Man soll daher immer bestrebt sein, auch diese Zeiten weiter herabzusetzen und damit wirtschaftlicher als bisher zu bohren.
Geeignete Maßnahmen sind u. a. von der Werkzeugseite her:
schneller, planmäßiger Werkzeugwechsel mit voreingestellten Bohrwerkzeugen, Einsatz kombinierter Bohrwerkzeuge;
von der Maschinenseite her:
Arbeiten auf Mehrspindel- oder Revolverkopf-Bohrmaschinen, Spannen in Bohrvorrichtungen und, nicht zuletzt, numerische Steuerung.

2.5.1. Verkürzen der Werkzeugwechselzeit durch Voreinstellen der Werkzeuge.
Solange Bohrwerkzeuge ausgewechselt werden, ist dies für die Maschine eine Nebennutzung. Durch diese Stillstandszeiten sinkt die Hauptnutzung der Maschine stark ab (bis unter 50% der verfügbaren Bereitschaftszeit). Es empfiehlt sich daher, nach einem festen Werkzeugwechselplan zu arbeiten [55] und durch Voreinstellen der Bohrwerkzeuge (möglichst außerhalb der Maschine) die Werkzeugwechselzeit wesentlich zu verkürzen [56].
Für einfache Bohrungen, z. B. 30 H 12 (Größtmaß 30,21 mm), hat man in der Regel den geeigneten normalen Wendelbohrer 30 mm (Herstellungstoleranz h 8, Grenzmaße 30,00···29,967 mm) schnell zur Hand. Ebenso kann und soll auch für eine genauere Bohrung, z. B. 80 H 6, eine auf diese Passung voreingestellte Bohrstange an der Maschine bereitstehen. Das gleiche gilt für bestimmte Bohrtiefen. Bei Wendelbohrern ist es unter Verwendung einer Stellhülse DIN 6327 (vgl. Abschnitt 1.5.1) ohne weiteres möglich, die erforderliche Länge schnell einzustellen.

Höheren Genauigkeitsansprüchen genügt bei Bohrstangen ein universelles Einstellgerät (Bild 2.28), das genaue Durchmesser- und Längeneinstellungen ermöglicht. [57]. Zunächst wird der Sollwert des Durchmessers mit Hilfe einer optischen Ableseeinrichtung (Bild 2.29)

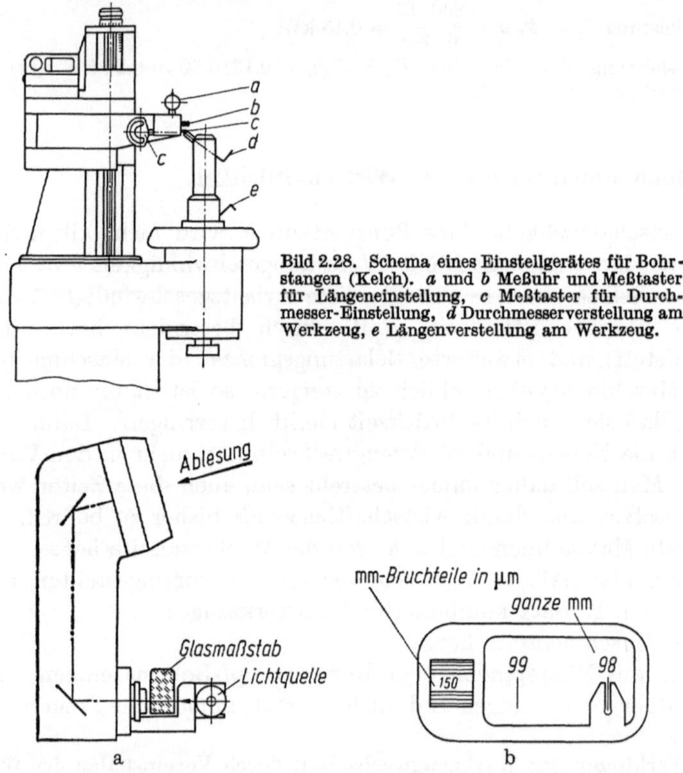

Bild 2.28. Schema eines Einstellgerätes für Bohrstangen (Kelch). *a* und *b* Meßuhr und Meßtaster für Längeneinstellung, *c* Meßtaster für Durchmesser-Einstellung, *d* Durchmesserverstellung am Werkzeug, *e* Längenverstellung am Werkzeug.

Bild 2.29. Optische Ablesung des Sollwertes. a) Anordnung; b) Meßskala (z. B. Wert 98,150 mm).

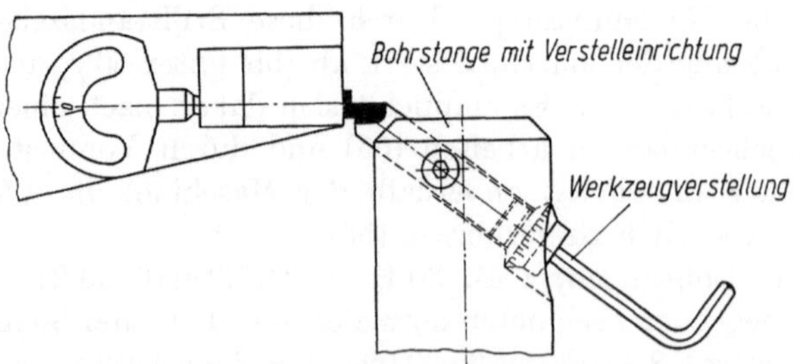

Bild 2.30. Einstellen des Bohrmeißels (Bohrdurchmessers) auf Nullwert (bzw. Grenzwert) der Meßuhr.

festgestellt. Dann ist die Werkzeugschneide so lange in Richtung auf den Feintasterfuß zu bewegen, bis der Feintaster auf Null steht (Bild 2.30), Hierbei kann man, wenn die Bohrstange leicht geschwenkt wird, erkennen, ob der höchste Punkt der Werkzeugschneide erfaßt ist. Soll, z. B. für programmgesteuerte Maschinen, auch die Werkzeuglänge voreingestellt werden, so wird eine zusätzliche vertikale Längen-Einstelleinrichtung verwendet. Einstellen des Sollwertes über eine Meßspindel mit 0,01 mm Trommelteilung. Die Istwertablesung erfolgt über die Meßuhr. Feinbohrstangen mit Bohrmeißeln in Spreizfassungen können mit Magnetreiter-Meßuhren (Bild 2.31) schnell auf genaues Maß eingestellt werden.

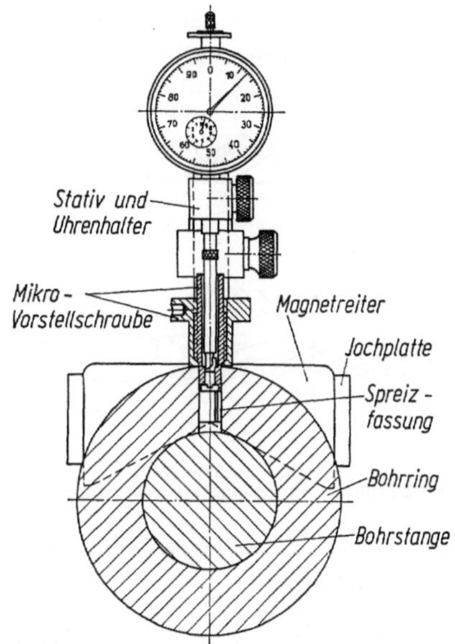

Bild 2.31. Magnetreiter-Meßuhr für Feinbohrstangen (E. Winter).

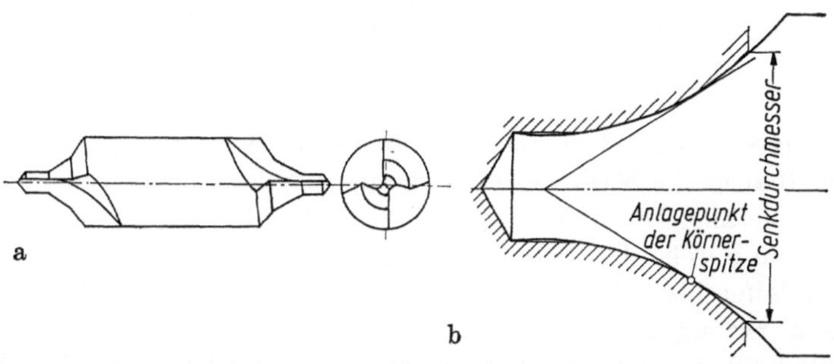

Bild 2.32. Zentrierbohrer. a) doppelseitige Ausführung (Form B, für Zentrierungen mit Schutzsenkung), bestehend aus Anbohrer, Senker und Zylinderschaft; b) Senkung mit gewölbten Flanken (Form R).

2.5.2. Verwenden kombinierter Bohrwerkzeuge [58].

Unter diesen Begriff fallen alle Werkzeuge, mit denen Formbohrungen in einem Zuge hergestellt werden können; ferner solche, die es ermöglichen, zwei verschiedenartige Arbeitsgänge unmittelbar hintereinander auszuführen, und zwar mit ein und derselben Bohrspindel ohne Werkzeugwechsel.

a) Seit Jahrzehnten bekannt sind doppelseitige *Zentrierbohrer*, mit denen Zentrierungen verschiedener Art (Form A mit geraden Flanken, Form R mit gewölbten Flanken, Form B mit Schutzsenkung) hergestellt werden können (Bild 2.32).

b) *Stufenbohrer* sind eine weitere viel verwendete Ausführung des Formbohrers. Es gibt einfache Stufenbohrer und Mehrfasen-Stufenbohrer (Bild 2.33). Beim einfachen Stufenbohrer (step drill) ist der vordere Teil des Bohrers auf einen kleineren Durchmesser abgeschliffen. Wenn dieser nicht nur als Führung dienen soll, werden zusätzlich

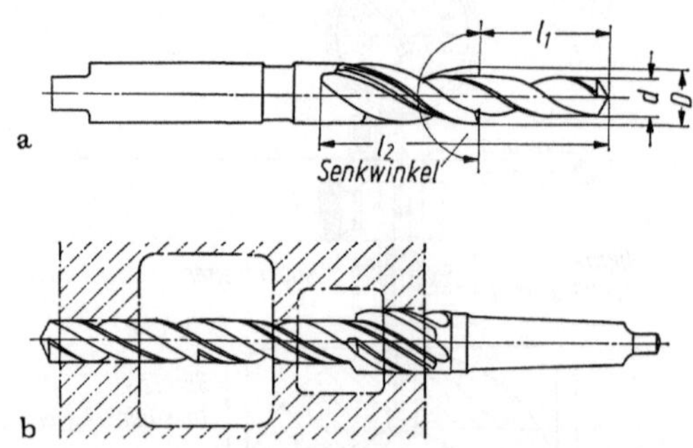

Bild 2.33. Stufenbohrer.
a) Mehrfasenbohrer mit 2 Stufen, l_1 Stufenlänge, l_2 Nutenlänge); b) desgl. mit 3 Stufen.

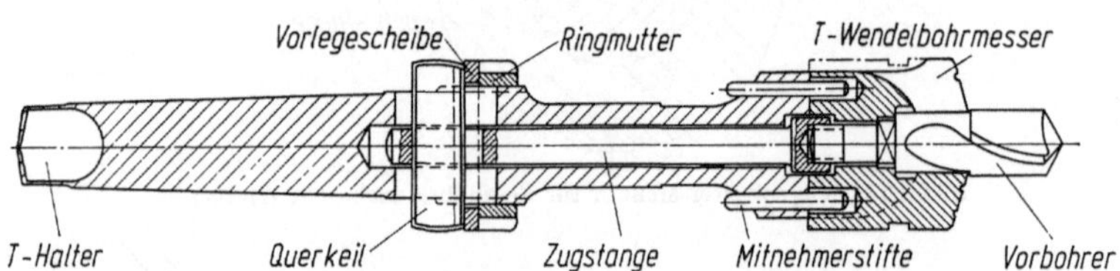

Bild 2.34. Wendelbohrmesser mit Vorbohrer in T-Halter (Sassex).

Schneidfasen vorgesehen, die aber an der Stufe enden. Vielseitiger verwendbar ist der Mehrfasenstufenbohrer (subland drill). Seine Fasen laufen für alle Durchmesserstufen von der Bohrerspitze bis zum Nutenende durch. Die Schneidenlänge des Bohrers kann daher beim Nachschleifen bis auf den letzten Rest ausgenutzt werden. Man nimmt dieses Werkzeug u. a. zum Genaubohren (Vorbohren mit erster Stufe, Fertigbohren mit zweiter Stufe) und zum Herstellen von Schraubendurchgangs- und Kernlochbohrungen [59].

c) *Wendelbohrmesser mit Vorbohrer* (vgl. Abschnitt 1.2.2 d) werden vorteilhaft für größere Formbohrungen eingesetzt. Hierbei kann das Bohrmesser auch als Formsenker ausgebildet werden. Eine derartige Werkzeugkombination mit Halter zeigt Bild 2.34.

d) *Kombinierter Wendel- und Gewindebohrer.* Als weiteres Beispiel für die Zusammenfassung verschiedenartiger Bohrwerkzeuge sei noch der sog. „Wendelgewindebohrer" erwähnt [54]. Er besteht aus einem

Kernlochwendelbohrer, an den sich ein Maschinengewindebohrer mit Zylinderschaft unmittelbar anschließt. Mit diesem Werkzeug können z. B. auf Bohrtast-Aufbaueinheiten [87] Durchgangsgewinde (Länge bis zu 2D) in gut oder leicht bohrbaren Werkstoffen (unleg. Stahl, Messing, Bronze, Leichtmetall) in einem Schnitt erzeugt werden. Arbeitsablauf in Bild 2.35.

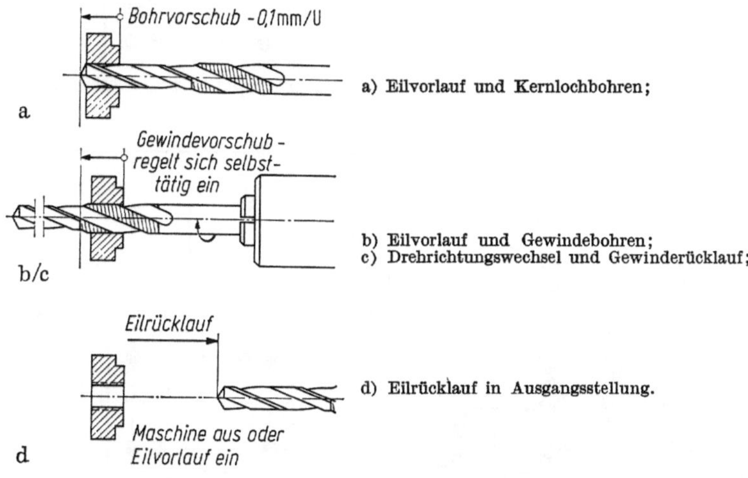

Bild 2.35. Arbeitsweise eines Wendelgewindebohrers.

2.5.3. Mehrspindelbohren. Wesentlich kürzere Maschinenzeiten erhält man, wenn mehrere Bohrungen gleichzeitig hergestellt werden können (Bild 2.36). Die Wirtschaftlichkeit dieses Bohrverfahrens hängt von Rüstzeit, Losgröße und Bohrbild ab. Vorteilhafte Bohrfeldgröße, d. h. eine für Mehrspindelbohren geeignete Lage verschiedener Bohrungen zueinander, können auch durch Zusammenfassen mehrerer kleiner Werkstücke (Bild 2.37) geschaffen werden.

Von Fall zu Fall ist hierbei zu prüfen, was hinsichtlich der Kosten günstiger ist: eine handelsübliche Ständerbohrmaschine mit auswechselbarem Mehrspindelkopf (Spindeln fest oder einstellbar gelagert) [60], eine Gelenkspindelbohrmaschine (vgl. Abschnitt 1.4.2f) [61] oder — bei sehr großen Stückzahlen — eine mit festem Bohrkopf ausgerüstete Sondermaschine.

2.5.4. Arbeiten auf Revolverkopf-Bohrmaschinen [30]. Hier können in unmittelbarer Folge mehrere verschiedene Arbeitsgänge ohne Verschieben des Werkstücks ausgeführt werden. Hierfür sind die Bohrspindeln in erforderlicher Anzahl (z. B. 3, 6 oder 12) sternförmig in einem Revolverkopf angeordnet. Die Operationen laufen selbsttätig nacheinander ab (mit Drehzahlen nach Vorwahl). Dann setzt sich die Maschine still. Wenn ein mit der Maschine gekoppelter Schalttisch

(z. B. Rundtisch) vorhanden ist, kann auch ununterbrochen und beliebig lange gearbeitet werden. Beachtliche Verkürzungen der Neben-
zeiten sind die Folge.

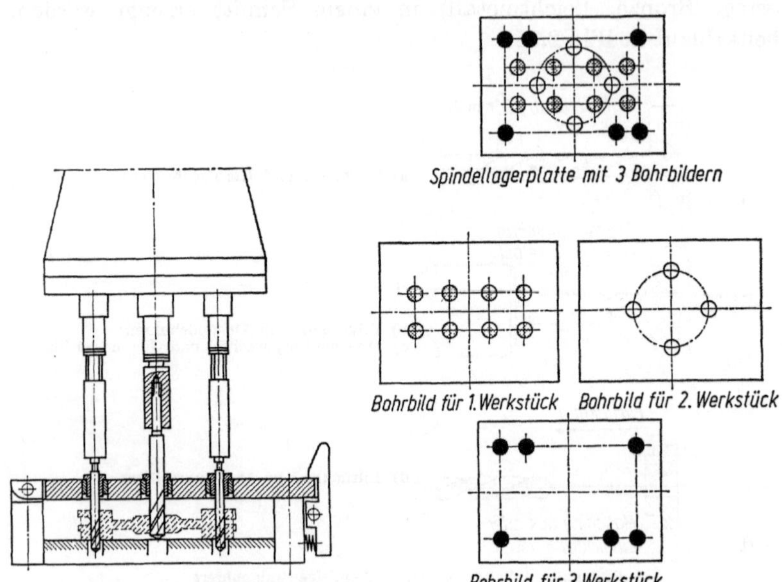

Bild 2.36. Mehrspindelbohren in Vorrichtung.   Bild 2.37. Zusammenfassen von 3 Bohrbildern
in einer Spindellagerplatte.

2.5.5. Bohrvorrichtungen dienen zum schnellen und sicheren Spannen
der Werkstücke. Sie haben aber meist noch weitere Aufgaben, z. B.
Positionierung und zwangläufige Führung der Bohrwerkzeuge. Neben
Bohrschablonen und ähnlichen Standbohrvorrichtungen, die in einer
Ebene fest aufgespannt bleiben, gibt es Kipp- und Schwenkbohr-
vorrichtungen. Mit ihrer Hilfe können die Werkstücke von verschiedenen Seiten oder in verschiedenen Richtungen gebohrt werden. Für
eine Reihe verschiedener Werkstücke verwendet man Mehrzweck-
Bohrvorrichtungen. Bei ihnen sind Bohrplatte und Spannelemente
schnell auswechselbar. (Nähere Einzelheiten vgl. [62, 63, 64].)

2.5.6. Induktive Werkzeugüberwachung. Durch plötzlichen Werkzeug-
bruch kann, vor allem beim Mehrspindelbohren, erheblicher Ausschuß
entstehen. Diesen kann man durch induktive, berührungslose Werkzeugüberwachung vermeiden [65]. Das Bohrwerkzeug läuft durch eine
Prüfspule, die mit einer Kontrollspule in einem Stromkreis liegt. Ist
der Bohrer abgebrochen, so kommt das mit einem Kontrollstift eingestellte System außer Gleichgewicht. Die Transportsperre wird ein-
geschaltet und die Kontroll-Leuchte meldet „Bohrerbruch" (Bild 2.38).

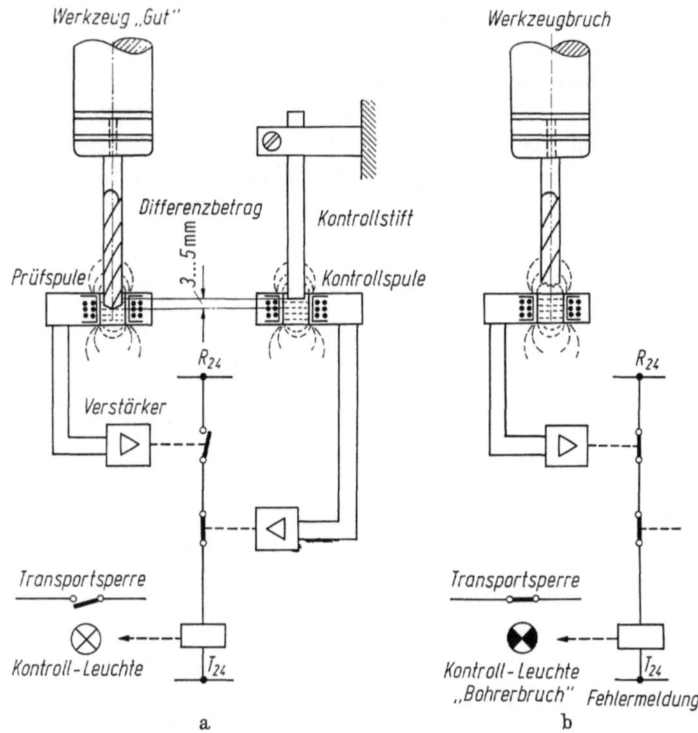

Bild 2.38. Induktive Überwachungseinrichtung gegen Bohrerbruchschäden (Hüller).
a) Werkzeug in Ordnung; b) Werkzeug abgebrochen.

2.5.7. Numerische Steuerung ist ein Weg in die Zukunft [66, 67].
Durch Einsetzen eines Lochstreifens in den Steuerschrank ist jede
NC-Bohrmaschine für eine bestimmte Arbeit eingestellt und führt nach
dem Start alle erforderlichen Bewegungen selbsttätig aus. Das ergibt
sehr kurze Rüstzeiten. Außerdem bleiben dem Menschen an der Maschine viele Überlegungen hinsichtlich Wahl von Drehzahl und Vorschub, Ausrechnen oder Einstellen von Koordinaten, u. a. m., erspart.
So ist es möglich, die Brachzeiten der Maschine wesentlich zu verringern. Der Bediener kann während der Hauptnutzungszeit (Laufzeit)
der Maschine alles für das nächste Werkstück vorbereiten oder sogar
an weiteren Maschinen arbeiten. Die Produktivität der Werkstatt wird
somit erhöht.

Diese Vorteile sind allerdings nicht kostenlos zu erreichen. Neben
den nicht billigen Einrichtungen wird eine besondere Programmier-
stelle innerhalb der Arbeitsvorbereitung erforderlich. Hier muß jeder
Arbeitsgang genauer als sonst üblich durchdacht und festgelegt werden.
Wirtschaftlichkeitsberechnungen haben ergeben, daß die numerische
Steuerung nicht nur in der Großserienfertigung vorteilhaft ist. Auch
in der Kleinserien-Wiederholfertigung bringt sie Erfolge. Daneben

gewinnt dieses Verfahren für die weitere Rationalisierung der Einzel-
teil- und Kleinstserienfertigung immer mehr an Bedeutung, vor allem
bei hohen Anteilen von Nebennutzungszeit.

Steuerungsprinzip. Numerische Daten (Ziffern) [68] werden der Maschinensteuerung über einen Informationsträger (z. B. Lochstreifen)
verschlüsselt (codiert) [69] mitgeteilt (Bild 2.39). Der Lochstreifen-

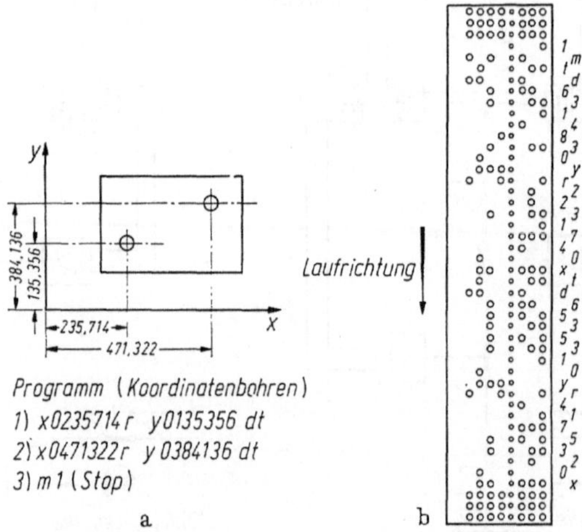

Bild 2.39. Programmierbeispiel für NC-Bohrarbeit.
a) Bohrbild und Bohrprogramm; b) zugehöriger Lochstreifen.

leser liest diese Code-Zeichen und setzt sie in Sollwerte für die Orts-
systeme der Bewegungsspindeln um. Nach Start der Maschine wird
der Positions-Istwert der einzelnen Bewegung (z. B. durch Drehmelder)
laufend mit dem vorgegebenen Sollwert verglichen. Kurz vor Erreichen der Sollposition werden die Vorschubspindeln auf Schleichgang
umgeschaltet und dann schließlich durch das Steuersystem stillgesetzt.
Erreichbare Genauigkeiten: Eingabefeinheit 0,01 mm, Positionsstreu-
breite $\pm 0{,}01 \cdots 0{,}02$ mm, Einfahrtoleranz $\pm 0{,}05$ mm auf 1000 mm
Meßlänge. (Beispiele vgl. [70, 71]).

3. Arbeitszeitermittlung nach REFA[1]

Durch sorgfältige Arbeitszeitermittlung werden optimale Nutzung der Betriebsmittel und rationeller Einsatz der Menschen im Betrieb ermöglicht. Die festgestellten Vorgabezeiten sind unabhängig vom Lohnsystem. Sie behalten ihre Gültigkeit, auch wenn — mit zunehmender Automatisierung der Fertigung — neue Arten des Leistungslohns (z. B. Prämienlöhne) an die Stelle des früher üblichen Stücklohns treten. Man unterscheidet zwei Gruppen von Vorgabezeiten: die für den Menschen (M) geltende Auftragszeit T und die sich auf die Betriebsmittel (B) beziehende Belegungszeit T_{bB} (Begriffe nach Refa) [81, 82].

3.1. Aufteilung der Auftragszeit [72]

Die Auftragszeit T wird für die Ausführung eines Bohrauftrages mit der Stückzahl (Fertigungsmenge) m benötigt. T umfaßt die Zeiten aller Teilabschnitte, die für Vorbereiten und Ausführen der vorliegenden Bohrarbeit gebraucht werden. Sie gliedern sich in Rüstzeit t_r und Ausführungszeit t_a. Letztere ist das Produkt von Stückzahl m und Zeit je Einheit t_e:

$$T = t_r + t_a = t_r + m\,t_e \, .$$

3.1.1. Rüstzeit. Sie gilt meist für den einzelnen Auftrag. Sie kann aber auch mehrere gleichartige Aufträge betreffen, soweit diese am gleichen Arbeitsplatz unmittelbar aufeinander folgen. t_r enthält die Rüstgrundzeit t_{rg}, die Rüstverteilzeit t_{rv} und gegebenenfalls zusätzlich eine Rüsterholungszeit t_{rer}:

$$t_r = t_{rg} + t_{rv} + t_{rer} \, .$$

Zur Rüstgrundzeit t_{rg} gehören: Arbeit beschaffen, vorbereiten und abliefern; Werkzeuge bereitlegen, ein- und ausspannen; Werkstück-

---

[1] Verband für Arbeitsstudien (Refa) e. V., Darmstadt.

spanner bereitstellen, auf- und umsetzen; Maschine einstellen und ähnliche Nebentätigkeiten. Soweit diese unregelmäßig oder selten nötig sind, können sie in der Rüstgrundzeit nicht erfaßt werden. Sie werden durch die Rüstverteilzeit t_{rv} und durch die Rüsterholungszeit t_{rer} abgegolten, beide als prozentualer Zuschlag auf t_{rg}.

3.1.2. Ausführungszeit. Der Berechnung der Ausführungszeit $t_a = m\, t_e$ liegt die Zeit je Einheit t_e zugrunde. t_e wiederum setzt sich zusammen aus Grundzeit t_g, Verteilzeit t_v und Erholungszeit t_{er}:

$$t_e = t_g + t_v + t_{er}\,.$$

In der Grundzeit sind enthalten die Tätigkeitszeit t_t und die Wartezeit t_w:

$$t_g = t_t + t_w\,.$$

Die Tätigkeitszeit t_t umfaßt alle Zeiten für die Haupttätigkeitszeit MH des Menschen an der Bohrmaschine (Bohren bzw. Einleiten und Überwachen des Bohrvorganges) und seine Nebentätigkeit MN (Werkstück aufnehmen, Ausrichten der Bohrspindel auf Bohrungsmitte = Positionieren, spannen und ablegen, Werkzeug anstellen, Maschine ein- und ausschalten, Kontrolle der Bohrung). Die Tätigkeitszeit ist in erster Linie abhängig vom Arbeitsweg L (vgl. Bild 3.1). Er setzt sich zusammen aus Bohrungslänge oder Bohrtiefe l und dem An- und Überlaufweg $l_a + l_ü$ (unter Berücksichtigung der Spitzen- oder Anschnittlänge l_s des Werkzeugs, Tabelle 3.1). Die Bohrzeit (Haupnutzungszeit der Maschine) beträgt

$$t_h = \frac{L}{n\,s} = \frac{L}{u}\,,$$

Tabelle 3.1. Länge der Wendelbohrerspitze l_s abhängig vom Spitzenwinkel σ und Bohrerdurchmesser d

Spitzenwinkel σ	60°	80°	90°	100°	118°	120°	130°	140°
Spitzenlänge	0,87	0,6	0,5	0,42	0,3	0,29	0,24	0,18 $\times d$ in mm

worin n die Drehzahl der Bohrspindel in min^{-1}, s den Vorschub je Spindelumdrehung in mm und u die Vorschubgeschwindigkeit in mm/min bedeuten (vgl. Tabelle 3.2).

Die Wartezeit t_w berücksichtigt ablaufbedingte Tätigkeitsunterbrechungen MA.

In der Verteilzeit t_v ist der zusätzliche Zeitbedarf erfaßt, der im voraus nicht genau festgelegt werden kann; so z. B. für Maschine schmieren und warm laufen lassen, einfache Störungen beheben, Akkordscheine ausfüllen, Lohnempfang, persönliche Bedürfnisse, Säubern und Aufräumen des Arbeitsplatzes bei Schichtwechsel. t_v wird in der Regel durch einen prozentualen Zuschlag auf t_g abgegolten. Seine Größe (im Mittel $8\% \cdots 15\%$) ist von der jeweiligen Betriebsorganisation abhängig und sollte daher in regelmäßigen Abständen überprüft werden. Als Erholungszeit t_{er} kommt ein weiterer Zuschlag auf t_g in Frage, wenn außergewöhnliche Ermüdung des Menschen bei der Bohrarbeit nicht zu vermeiden ist; z. B. bei einseitiger, ununterbrochener oder besonders schwerer körperlicher Beanspruchung. Für Arbeiten, die ausreichende Wartezeiten enthalten, erfolgt kein Zuschlag. t_{er} kann auch beim Bemessen der Verteilzeit mitberücksichtigt werden.

Die Werkzeugwechselzeit t_{we} [73] gehört in der Einzel- und kleinen Serienfertigung zur Rüstgrundzeit, denn hierbei braucht das Werkzeug während der Erledigung des Bohrauftrages in der Regel nicht ausgewechselt zu werden. Anders ist es bei sehr großen Stückzahlen oder bei schwer bohrbaren Werkstoffen, die kurze Werkzeugstandzeiten verursachen. Die Zeit für den dann erforderlichen vorzeitigen Werkzeugwechsel ist als zusätzliche Nebentätigkeit zu berücksichtigen.

3.2. Aufteilung der Betriebsmittel-Belegungszeit

Die Belegungszeit T_{bB} wird der Arbeitszeitermittlung zugrunde gelegt, wenn es sich um große Stückzahlen oder besonders kostspielige Betriebsmittel (z. B. Fertigungszentren, -systeme oder -reihen) handelt. Sie bezieht sich auf eine bestimmte Fertigungsmenge, z. B. auf 100 oder 1000 Stück. T_{bB} wird (ähnlich wie die Auftragszeit T) aufgeteilt in Rüstzeit t_{rB} und Ausführungszeit t_{aB}:

$$T_{bB} = t_{rB} + t_{aB} \,.$$

3.2.1. Rüstzeit. Sie ergibt sich aus

$$t_{rB} = t_{rgB} + t_{rvB} \,.$$

In der Rüstgrundzeit t_{rB} werden die gleichen Abschnitte des Arbeitsablaufs erfaßt wie in t_r. Allerdings gilt dabei alles, was nicht an der Maschine stattfindet (z. B. Zeichnung lesen, Werkzeug und Spannzeug bereitstellen) als ablaufbedingte Nutzungsunterbrechung BA. Als Nebennutzung BN sind dagegen die unmittelbar an der Maschine ausgeführten Arbeiten wie Einsetzen des Bohrwerkzeuges in die Maschine, Einstellen von Drehzahl und Vorschub, u. ä. zu rechnen. Bei umfangreichen und besonders anstrengenden Rüstarbeiten kann zusätzlich eine Zeit für erholungsbedingte Nutzungsunterbrechung t_{bE} erforderlich werden:

$$t_{rB} = t_{bN} + t_{bA} + t_{bE} \,.$$

Für die Rüstverteilzeit t_{rvB} (einschl. der Werkzeugwechselzeit) wird in gleicher Weise wie für t_{rv} ein prozentualer Zuschlag vorgesehen.

3.2.2. Ausführungszeit (gültig für die Betriebsmittel). Sie ist von der Fertigungsmenge m und der Zeit je Einheit t_{eB} abhängig:

$$t_{aB} = m\, t_{eB}.$$

t_{eB} setzt sich zusammen aus der Grundzeit t_{gB} und der Verteilzeit t_{vB}:

$$t_{eB} = t_{gB} + t_{vB}\,.$$

In der Grundzeit t_{gB} wiederum sind enthalten Hauptnutzungszeit t_h, Nebennutzungszeit t_n und Brachzeit t_b:

$$t_{gB} = t_h + t_n + t_b\,.$$

Die Hauptnutzungszeit t_h wird durch die Daten des Bohrvorganges bestimmt; das sind Arbeitsweg L, Drehzahl n, Vorschub s, Vorschubgeschwindigkeit u (vgl. Bild 3.1):

$$t_h = \frac{L}{n\,s} = \frac{L}{u}\,.$$

Die Nebennutzungszeit t_n wird gebraucht für Ein- und Ausspannen der Werkstücke, Anstellen des Bohrwerkzeuges, Einschalten der Bohrspindel und des Vorschubantriebes, Rückführen des Werkzeuges in die Ausgangstellung, u. ä.

Die Brachzeit (Unterbrechungszeit) t_b berücksichtigt schließlich alle Ablaufabschnitte, in denen die Nutzung der Maschine unterbrochen ist, z. B. die Zeit für Aufnehmen und Ablegen der Werkstücke (vgl. Tabelle 3.2). Dazu kommen gegebenenfalls erholungsbedingte Unterbrechungen, z. B. wenn außergewöhnliche Ermüdungserscheinungen des Menschen (bei konzentrierter Bohrarbeit) durch eine Pause auszugleichen sind.

Für die Verteilzeit t_{vg} ist in bekannter Weise (wie für t_v) ein prozentualer Zuschlag auf die Grundzeit t_{gB} anzusetzen.

3.3. Bestimmen der Vorgabezeit

Die für einen Bohrauftrag vorzugebende Zeit kann auf verschiedene Weise bestimmt werden: durch Schätzen (nur für kleine Aufträge), wenn ausreichende Erfahrungswerte vorliegen; durch angenähertes Berechnen (in der Kleinserienfertigung) mit Hilfe bekannter Einheitswerte; durch genaueres Berechnen auf Grund der Bohrlänge und von Richtzeiten für Rüsten, Spannen und andere Nebentätigkeiten, die den vorhandenen Betriebsmitteln angepaßt sind (vgl. Tabellen 3.2 bis 3.5).

3.3.1. Der Ablauf der Bohrarbeit ist in einzelne Abschnitte aufzuteilen, und zwar für den Menschen (M): nach Haupttätigkeit MH, Nebentätigkeit MN, Unterbrechung der Tätigkeit MA (durch Arbeitsablauf oder persönlich bedingt);

für die Betriebsmittel (B): nach Hauptnutzung BH, Nebennutzung BN Nutzungsunterbrechung BA.

An einem einfachen Beispiel (Seite 122) wird gezeigt, wie die Vorgabezeit in dieser Art für verschiedene Losgrößen berechnet werden kann.

Tabelle 3.2. Vorschubgeschwindigkeit $u = ns$ beim Bohren mit HSS-Wendelbohrern (aus Tabellen 2.5 und 2.6)

Werkstoff Zugfestigkeit, Härte (HB) N/mm²	u in mm/min für Bohrerdurchmesser in mm						
	2	5	8	10	16	25	40
42CrMo4 $\leq$1100	36	50	40	36	27	22	14
18CrNi8 $\leq$900	75	90	69	65	50	40	25
St 60 $\leq$St 70	200	224	200	176	125	101	72
GG-15 180 HB							
AlCuMg (Duraluminium)	400	410	320	288	220	176	113
Ms58F44	700	720	550	500	400	320	200
MgAl3Zn (Magnesiumleg.)							
50 HB	1280	1386	1120	1010	800	625	397
Gußeisen 250 HB	125	140	114	100	70	64	40

Tabelle 3.3. Nebennutzungszeiten beim Bohren auf kleinen und mittleren Senkrechtbohrmaschinen

A. *Werkzeug ein- und ausspannen*   min
  1. in Bohrfutter   0,12···0,2
  2. in Bohrspindel   0,2 ···0,25
  3. hierzu Reduzierhülse   0,15
  4. Maschine ein- und ausschalten   0,16···0,3
  5. in Schnellwechselfutter   0,06···0,1

B. *Werkstück ein- und ausspannen*
  1. in Schraubstock   0,3 ···0,6
  2. in Dreibackenfutter   0,4 ···0,7
  3. in kl. Vorrichtung   0,3 ···1,0

C. *Werkzeug auf Bohrungsmitte zustellen*
  1. in Bohrbuchse   0,2
  2. zentrisch auf Körner   0,5
  3. von Bohrung zu Bohrung bzw. Spindel zu Spindel   0,05···0,1

D. *Prüfen und Messen*
  mit Grenzlehrdorn   0,2 ···0,5

Tabelle 3.4. Nebennutzungszeiten beim Bohren auf größeren Senkrechtbohrmaschinen und auf Radialbohrmaschinen

A. *Werkzeuge spannen*

	t_n in min für Werkzeugdrchm.			
	$\leqq$20	40	80	100 mm
1. Schnellwechselfutter in Bohrspindel				
einsetzen	0,10	0,12	—	—
herausnehmen	0,15	0,18	—	—
2. Bohrbuchse wechseln	0,10	0,15	0,20	0,25
3. Bohrer, Senker u. ä. wechseln				
in Bohrspindel	0,25	0,35	0,45	0,6
in Schnellwechselfutter	0,15	0,20	—	—
4. Bohrstange wechseln				
(mit Ober- u. Unterführung) kurz	1,0	1,4	1,8	2,2
lang	1,5	2,0	2,5	3,0
über 500 mm lang	2,0	2,5	3,0	3,5

B. *Werkstück spannen*

	t_n in min für Werkstückgewicht				
	$\leqq$1	10	25	50	100 kg
1. auf Tisch oder Grundplatte					
(mit 2 Spannschrauben) grob	1,3	2,3	3,2	4,8	9,5
genau ausgerichtet	1,5	2,6	3,8	5,8	11,5
2. in Schraubstock					
(mit Einhebelspannung) grob	0,8	1,4	1,8	—	—
genau ausgerichtet	1,5	2,0	3,0	—	—
3. an Winkel oder Winkeltisch					
(mit 2 Spannschrauben) grob	1,5	2,5	3,5	5,2	11,0
genau ausgerichtet	1,7	2,9	4,2	6,5	13,0
4. in Vorrichtung					
(mit 2 Spannschrauben)					
gegen Anschlag	1,0	2,0	3,0	5,0	9,5
(nach Anriß o. Augenmaße)	1,5	3,0	4,5	7,5	13,0
für jede weitere Spannschraube	0,5	0,8	1,0	1,2	1,4

C. *Bohrspindel und Werkzeug ein- und anstellen*

	t_n in min für Werkzeugdrchm.		
	$\leqq$10	$\leqq$20	$\leqq$50 mm
1. Bohrspindel und Werkzeug auf			
Bohrungsmitte	je nach Ausladung		
nach Körner	0,2···0,3	0,35···0,45	0,5···0,75
in Bohrbuchse, Stichgenauigkeit			
0,05 mm	0,1···0,15	0,12···0,20	0,15···0,25
unter 0,05	doppelte Werte		
2. Werkzeug zum Schnitt anstellen		0,05···0,15	
(einschl. Schalten von n und s)		(je nach Ausladung)	
3. Werkzeug ausheben (bei tiefen			
Bohrungen) Bohrtiefe 50 mm		0,05···0,08	
100		0,08···0,15	
200		0,15···0,30	

D. *Sondernebennutzungszeiten*

	min
1. Maschine ein- und ausschalten	0,10
2. Drehzahl und Vorschub wechseln	0,15
3. Kühlmittelpumpe ein und aus	0,05
4. Bohrungskontrolle) IT 8	0,15···0,25 (20···100 $\varnothing$)
$<$IT 8	0,25···0,45

Tabelle 3.5 Rüstgrundzeiten t_{rg} für Bohrmaschinen (Richtwerte)

Maschinengruppe Arbeitsvorgang (Bohrdrchm.	t_{rg} in min für Tisch- u. Schnell- bohrmasch. bis 10	Ständer- bohrmasch. 15…60	Radial- bohrmasch. $\leqq 80$	Tischbohr- werke mm)
A. *Arbeit beschaffen* je nach Arbeits- umfang	1,5…4	2,5…5,5	4…7	5…8,5
B. *Werkzeuge und Betriebsmittel beschaffen* je nach Zahl und Gewicht	2,5…5	3…8	3…12	3…12
C. *Vorbereiten zum Bohren*				
1. Maschine in Aus- gangsstellung (einschl. Dreh- zahl, Vorschub, Kühlung)	3,5	4,5	5,5	6,5
2. Bohrspindel auf Bohrungsmitte stellen in 2 Rich- tungen je nach IT	—	—	1,5…2,0	3…6
3. Werkzeuge ein- stellen u. prüfen (Drchm., Tiefe) Wendelbohrer u. a.	0,5	0,5…0,8	0,5…1,0	0,5…1
Bohrstangen (je nach Länge)	—	3…4	3…4	3…4
voreingestellt	—	1,2	1,2…2	1,2…2
D. *Vorbereiten zum Spannen*				
1. auf Tisch o. Grundplatte (je nach Schwierig- keitsgrad)	2,5…5	3…6	3,5…8	4,5…10
2. an Winkel (je nach Größe)	4	5…8	6…14	8…17
3. in Schraubstock oder Vorrichtung) (je nach Gew.)	3,5	4,5…8	5…14	7…20
E. *Kontrolle des Probestücks*				
1. Messen eines Bohrungsdurchmessers			1,0…2,0	(je nach Toleranz)
2. Zuschlag für Messen von Tiefen oder Lage			0,5…1,0	—
3. Zuschlag für hintereinander liegende Bohrungen			1,0…1,5	—
insgesamt	11…21	14,5…32	19…46,5	23,5…61 min

3.3.2. Fallbeispiel einer Vorgabezeitermittlung. Bohrauftrag: Laschen aus Flachstahl 40×25×200 mm (Gewicht 1,4 kg) nach Zeichnung (Bild 3.1) bohren.

Betriebsmittel: Ständer-Bohrmaschine 2,5 kW, Schwenk-Bohrvorrichtung, Wendelbohrer DIN 345 HSS 25 mm.

Schnittbedingungen: Drehzahl $n = 450$ U/min ($v = 28$ m/min), Vorschub $s = 0,28$ mm/U, Vorschubgeschwindigkeit $u = 126$ mm/min, Kühlschmierung mit Emulsion.

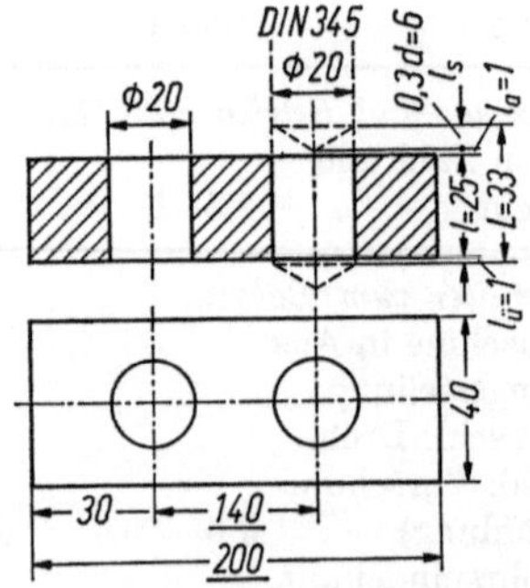

Bild 3.1. Beispiel für Arbeitszeitermittlung: je 2 Bohrungen 20 mm Drchm. mit Wendelbohrer in Laschen (Flachstahl 40 × 25) bohren.

Tabelle 3.6. Arbeitsablauf für Mengeneinheit 1 (einschl. Auf- und Abrüsten)

Nr.	Ablaufabschnitt	Soll-Zeiten min	Zeitart M	B
1.	Arbeit (Auftrag, Werkstücke) beschaffen und vorbereiten (Zeichnung und Arbeitsplan lesen)	2,5	t_{rg}	t_{zgB}
2.	Werkzeug und Vorrichtung holen und bereitstellen	4,0	t_{rg}	t_{rgB}
3.	Bohrer in Bohrspindel einsetzen	0,1	t_{rg}	t_{rgB}
4.	Vorrichtung auf Tisch aufsetzen, ausrichten (positionieren), spannen	4,7	t_{rg}	t_{rgB}
5.	Maschine einstellen (n, s, Kühlmittelzufuhr) einschl. säubern	4,5	t_{rg}	t_{rgB}
6.	Werkstück aufnehmen und spannen	0,5	t_t	$t_b + t_n$
7.	Maschine einschalten einschl. Kühlpumpe	0,1	t_t	t_n
8.	Bohrer anstellen	0,05	t_t	t_n
9.	1. Bohrung bohren (L 36 mm, u 126 mm/min)	0,3	t_t	t_h
10.	Bohrer zurück in Ausgangsstellung	0,05	t_t	t_n
11.	Vorrichtung horizontal um 180° schwenken	0,3	t_t	t_n
12.	Bohrer anstellen	0,05	t_t	t_n
13.	2. Bohrung bohren	0,3	t_t	t_h
14.	Bohrer zurück in Ausgangsstellung	0,05	t_t	t_n
15.	Maschine ausschalten (einschl. Kühlpumpe)	0,1	t_t	t_n
16.	Werkstück ausspannen und ablegen	0,5	t_t	$t_n + t_b$
17.	Kontrolle des ersten Werkstücks	2,0	t_{rg}	t_{rgB}
18.	Werkzeug ausspannen, säubern, ablegen	0,3	t_{rg}	t_{rgB}
19.	Vorrichtung abspannen, säubern und abstellen	2,5	t_{rg}	t_{rgB}
20.	Betriebsmittel abliefern	3,0	t_{rg}	t_{rgB}
21.	Arbeit abliefern	1,5	t_{rg}	t_{rgB}

[1] M Mensch, B Betriebsmittel

Tabelle 3.7. Aufgliederung und Summe der Sollzeiten

Rüstgrundzeiten t_{rg} und t_{rgB} in min

Ablaufabschnitte (vgl. Tabelle 3.1)	Nr.	Mensch	Betriebsmittel	
			BN	BA
Arbeit beschaffen, vorbereiten und abliefern	1. + 21.	$2,5 + 1,5 = 4,0$		4,0
Werkzeug und Spannzeug desgl.	2. + 20.	$4,0 + 3,0 = 7,0$		7,0
Maschine einstellen und vorbereiten zum Bohren	3. + 5. + 18.	$0,1 + 4,5 + 0,3 = 4,9$	4,9	
desgl. zum Spannen	4. + 19.	$4,7 + 2,5 = 7,2$	7,2	
Kontrolle des Probestücks	17.	2,0		2,0
		$t_{rg} = 25,1$ min	$t_{rgB} = 12,1 + 13,0 = 25,1$ min	

Grundzeiten t_g und t_{gB} in min

Ablaufabschnitte (vgl. Tabelle 3.1)	Nr.	Mensch		Betriebsmittel		
		t_t	t_w[1]	t_h	t_n	t_b
Werkstück nehmen, ablegen, spannen	6. + 16.	1,0			0,8	0,2
Maschine ein- und ausschalten	7. + 15.	0,2			0,2	
Bohrer anstellen und zurückführen	8. + 10. + 12. + 14.	0,2			0,2	
Bohrungen bohren	9. + 13.	0,6		0,6		
Vorrichtung schwenken	11.	0,3			0,3	
		$t_g = 2,3$ min		$t_{gB} = 0,6 + 1,5 + 0,2 = 2,3$ min		

Rüstverteilzeiten t_{rv} und t_{rvB} (angenommen) 11% von 25,1 min = 2,8 min
Verteilzeiten t_v und t_{vB} (angenommen) 8% von 2,3 min = 0,2 min
Erholungszeit t_{er} (ab $m = 100$ Stück) weitere 8% = 0,2 min

Zeit je Einheit $t_e = t_g + t_v (+ t_{er})$
$= 2,3 + 0,2 (+ 0,2)$
$= 2,5$ bzw. 2,7 min (ab $m = 100$)

[1] Bei diesem Beispiel keine Wartezeit t_w.

In Tabelle 3.6 sind der vollständige Arbeitsablauf und die Sollzeiten jedes Ablaufabschnittes angegeben, unter Berücksichtigung der Zeitart. Tabelle 3.7 enthält die Rüstgrundzeiten t_{rg} bzw. t_{rgB} und die Grundzeiten t_g bzw. t_{gB}, aufgegliedert in 5 Hauptgruppen und summiert. Zusammen mit den dort ebenfalls aufgeführten Verteil- und Erholungszeiten ergeben sich dann folgende Werte:

a) für den Menschen (M)

Rüstzeit $t_r = t_{rg} + t_{rv} = 25{,}1 + 2{,}8 =$ (aufgerundet) 28 min, Ausführungszeit $t_a = m\, t_e = m(t_g + t_v + t_{er}) = m(2{,}3 + 0{,}2 + 0{,}2)$ min (t_{er} nur ab 100 Stück), Auftragszeit $T = t_r + t_a + 28 + t_a$ min.

Tabelle 3.8. Berechnung der Auftragszeit T

Mengeneinheit m	1	2	5	10	20	50	100	Stück
$t_a = m \times 2{,}5$	2,5	5	12,5	25	50	125	270[1]	min
$T = 28 + tz$	30,5	33	40,5	53	78	153	298	min
$t_r \%$	92	85	69	53	56	18,3	9,4	%

[1] Einschl. t_{er}.

Tabelle 3.9. Aufteilung der Betriebsmittel-Belegungszeit T_{bB}

Mengeneinheit m	1	2	5	10	20	50	100	Stück
Hauptnutzungszeit t_h	0,6	1,2	3	6	12	30	60	min
Nebennutzungszeit t_n	1,5	3,0	7,5	15	30	75	150	min
Brachzeit t_b	0,2	0,4	1	2	4	10	20	min
Grundzeit t_{gB}	2,3	4,6	11,5	23	46	115	230	min
Zuschlag für Verteilzeit 8%	0,2	0,4	1,0	2	4	10	40[1]	min
t_{aB}	2,5	5	12,5	25	50	125	270	min
$T_{bB} = 28 + t_{aB}$	30,5	33	40,5	53	78	153	298	min

[1] Einschl. t_{er}.

Diese Berechnung ist in der folgenden Tabelle 3.8 durchgeführt. Sie zeigt zugleich die prozentualen Anteile der Rüstzeit abhängig von der Mengeneinheit m.

b) für die Betriebsmittel (B)

Rüstzeit $t_{rB} = t_{rgB} + t_{rvB} = 28$ min (wie oben). Da in t_{rB} auch Nutzungsunterbrechungen enthalten sind, ist es zweckmäßig, diese gesondert auszuweisen (im vorliegenden Fall 14,5 min). Ausführungszeit $t_{aB} = m\, t_{eB} = m(t_{gB} + t_{vB})$. Auch t_{aB} ist in Haupt- und Nebennutzung sowie Nutzungsunterbrechung (Brachzeit) zu unterteilen. Einzelheiten sind der Tabelle 3.9 zu entnehmen, aus der die Aufteilung der Betriebsmittelbelegungszeit T_{bB} klar ersichtlich wird.

124

3.3.3. Auswertung der ermittelten Vorgabezeiten. In Bild 3.2 ist die Aufteilung der Auftragszeit T in Ausführungszeit t_a und Rüstzeit t_r abhängig von der Mengeneinheit m dargestellt. Bei $m = 10$ überwiegt der Rüstanteil. Günstigere Verhältnisse sind zu erreichen, wenn die Rüstgrundzeiten z. B. durch Bereitstellen der Werkzeuge und Spannvorrichtungen am Arbeitsplatz oder durch Bringen und Abholen der Werkstücke gesenkt werden können. Bei großen Stückzahlen überwiegt der Einfluß der Ausführungszeit t_t bzw. Tätigkeitszeit t_a. Hier kann dann z. B. durch vorteilhaftes Spannen des Werkstücks (vgl. Abschnitt 2.5.5) Zeit gespart werden.

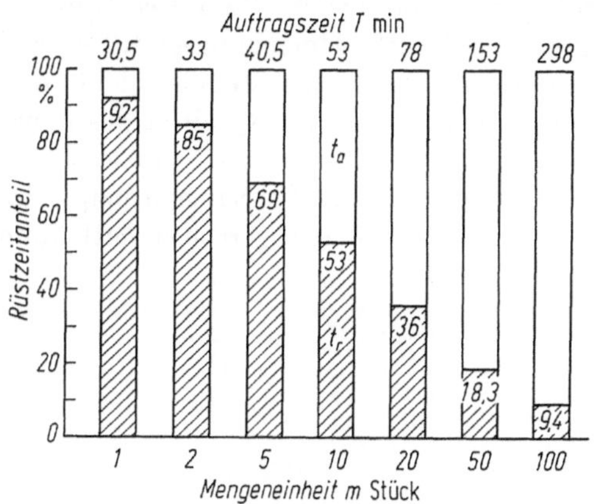

Bild 3.2. Rüstzeitanteil der Auftragszeit T, abhängig von Mengeneinheit m. $t_r/T \% = 100\,t_r\,(t_r+t_a)$; hierin t_r Rüstzeit, t_a Ausführungszeit.

Bild 3.3 zeigt die Gliederung der Betriebsmittel-Belegungszeit T_bB in die Nutzungsanteile BH (Hauptnutzung), BN (Nebennutzung) und BA (Nutzungsunterbrechung). Zu BA gehört auch ein Teil der Rüstzeit t_rB. Die bereits erwähnten organisatorischen Maßnahmen bei der

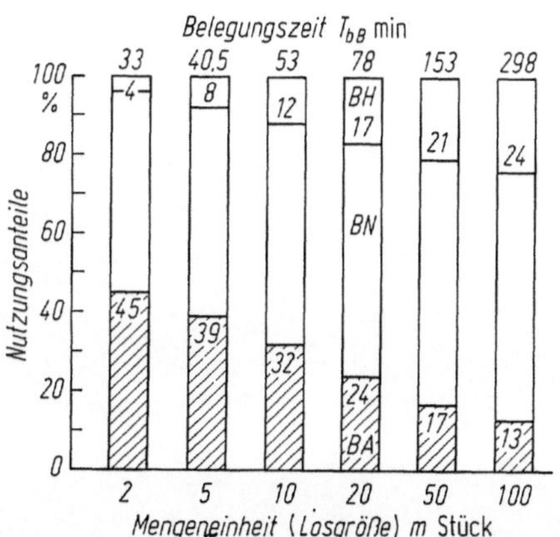

Bild 3.3. Aufteilung der Betriebsmittel-Belegungszeit T_{bB}, abhängig von Mengeneinheit m. BH Hauptnutzung, BN Nebennutzung, BA Nutzungsunterbrechung (Brachzeit der Maschine).

Arbeits- und Betriebsmittelbeschaffung dienen gleichfalls dazu, *BA* und damit die Brachzeit der Maschine zu verkürzen und ihre Nutzung zu verbessern.

3.4. Festsetzen des Leistungslohns aufgrund der Vorgabezeit [82, 75]

Die berechnete Vorgabezeit gilt für normale Arbeitsleistung (Leistungsgrad 100%). Bei der Lohnfestsetzung sind zusätzlich die Schwierigkeit der Arbeit und in diesem Zusammenhang die an den Menschen gestellten Anforderungen hinsichtlich Verantwortung und Können, Arbeitsbelastung und zusätzliche Umgebungseinflüsse (z. B. Staub und Lärm) zu berücksichtigen. Das Lohnsystem ist nicht ausschlaggebend. Prämienlohn (entsprechend Menge und Qualität der Arbeit) tritt mehr und mehr an die Stelle des Akkord- oder Stücklohns. Das bedeutet aber nicht den Verzicht auf das Leistungsprinzip, das immer die Grundlage für produktive Arbeit und gerechte Entlohnung sein wird.

Literaturverzeichnis

1 Kronenberg, M.: Grundzüge der Zerspanungslehre. Bd. 2: Mehrschneidige Zerspanung (Stirnfräsen, Bohren). Berlin, Göttingen, Heidelberg: Springer 1963.
2 Klein, H. H.: Das Bohrschaubild als Kriterium der Bohrerform und -leistung. wt — Z. ind. Fertig. 47 (1957) 597.
3 Ständer, H.: Bohrungsqualität beim Bohren mit Spiralbohrern. wt — Z. ind. Fertig. 56 (1966) 546.
4 Pahlitzsch, G., Spur, G.: Untersuchungen über die Oberflächenrauheit der beim Bohren mit Spiralbohrern erzeugten Bohrungswand. Maschinenmarkt 69 (1963) Nr. 88, S. 27.
5 Ständer, H.: Wirkungsweise, Konstruktion und Einsatz von Bohrbuchsen. wt — Z. ind. Fertig. 56 (1966) 22.
6 Das Herstellen von Bohrungen mit kleinem Durchmesser. Techn. Rdsch. 41 (1963) 57.
7 Kuletz, J.: Bohren nach Gehör. Amer. Machinist 110 (1966) Nr. 14, S. 63.
8 Eilers, I.: Tiefbohren mit hartmetallbestückten Werkzeugen. Maschinenwelt u. Elektrotechn. 15 (1960) 399.
9 Haasis, G., Nagel, H.: Präzisionsbohren nach dem Tieflochbohrverfahren. Werkstatt u. Betrieb 101 (1968) 33.
10 David, C. L.: Neuere Entwicklung auf dem Gebiet des Feinbohrens. TZ f. prakt. Metallbearb. 57 (1963) Nr. 28, S. 270.
11 Cornely, H.: Die neuen deutschen Spiralbohrernormen. wt — Z. ind. Fertig. 52 (1962) 417.
12 Prospekte der Fa. Sassex, Brackwede.
13 Roehlke, G.: Der Anschliff von Wendelbohrern. wt — Z. ind. Fertig. 47 (1957) 226.
14 Tröster, P.: Verschiedene Spiralbohrer-Anschliffarten und ihre Problematik in der Praxis. Werkstatt u. Betrieb 94 (1961) 137.
15 Thieme, C.: Kreuz-, Kombi- oder Spiropoint-Anschliff? Klepzig-Fachberichte 1962, S. 296.
16 Tiefbohren mit Einlippenbohrern. VDI-Richtlinie 3208.
17 Waller, J.: Sharpening Gun Drills. Mechan. World & Engin. Record 1963, S. 402.
18 Dinglinger, E.: Erfahrungen mit Tieflochbohrwerkzeugen. wt — Z. ind. Fertig. 45 (1955) 361.
19 Pearson, H. J.: High speed boring. Product. Technol. 1962/63 (Sonderdruck der Fa. Gebr. Heller, Bremen).
20 Fristedt, A. E.: Ein neuer Kanonenbohrer („Ejektorbohrer"). Maschinenmarkt 72 (1966) 952.

21 Taschenbuch für Spannzeuge. Hrsg. Fa. Röhm, Sontheim.

22 Prospekte über Bohrstangen der Fa. Kelch & Co., Schorndorf.

23 WIDAX-Bohrstangen. Fa. Krupp Widiafabrik, Essen.

24 Prospekt über Spreizfassung für Bohrmeißel der Fa. Winter & Sohn, Hamburg.

25 Freund, H.: Ermittlung der Arbeitswinkel von Bohrmeißeln beim Herstellen von Bohrungen mit Bohrstangen. wt — Z. ind. Fertig. 51 (1961) 263.

26 Kieffer, R., Benesovsky, F.: Hartmetalle. Berlin, Heidelberg, New York: Springer 1965.

27 Heinrich, E.: Werkzeugstähle. Werkstattbücher, H. 50. 2. Aufl. Berlin, Göttingen, Heidelberg: Springer 1964.

28 Schlesinger, G.: Prüfbuch für Werkzeugmaschinen. Middelburg: den Boer 1955.

29 Bailoff, A.: Bohren mit Radialbohrmaschinen. Hrsg. Fa. Raboma, Berlin, 1967.

30 Prospekte der Firmen AEG, Berlin; Bosch, Stuttgart; EX-CELL-O, Eislingen; Hille, Witten-Annen; H. Kolb, Köln; Pittler, Langen; Steinel, Schwenningen; Raboma, Berlin; Webo, Düsseldorf.

31 Conzelmann, H.: Stellhülsen. wt — Z. ind. Fertig. 49 (1959) 163.

32 Fauth, O.: Schnellwechsel-Bohrfutter mit voreinstellbaren Einsätzen. Werkstatt u. Betrieb 99 (1966) 325.

33 Prospekt der Fa. Rohde & Dörrenberg, Düsseldorf-Oberkassel.

34 Rottler, A.: Werkzeugschleifen. Werkstattbücher H. 94. 2. Aufl. Berlin, Göttingen, Heidelberg: Springer 1961.

35 Prospekte der Firmen Rohde & Dörrenberg, Düsseldorf-Oberkassel; CAWI, Berlin; Christen, Bern; Sassex, Brackwede; Tatar, Stuttgart.

36 Hennermann, H., Dix, N.: Kleine Zerspanungslehre. München: Carl Hanser 1967.

37 Malmberg, W.: Glühen, Härten und Vergüten des Stahles. Werkstattbücher H. 7, 7. Aufl. Berlin, Göttingen, Heidelberg: Springer 1961.

38 Mütze, H.: Die Zerspanbarkeit von Sonderwerkstoffen. Ind.-Anz. 87 (1965) 831.

39 Klein, H. H.: Werkzeuge und Bearbeitungskennwerte beim Bohren von Spezialstählen. TZ f. prakt. Metallbearb. 57 (1963) 294.

40 Saechtling/Zebrowski: Kunststoff-Taschenbuch. 18. Aufl. München: Carl Hanser 1971.

41 Meysenbug, C. M. v.: Kunststoffkunde für Ingenieure. 3. Aufl. München: Carl Hanser 1968.

42 Elektroerosive Bearbeitung. VDI-Richtlinie 3400.

43 Pahlitzsch, G., Blanck, D.: Fortschritte beim Stoßläppen (Bohren) mit US-Frequenz. wt — Z. ind. Fertig. 50 (1960) 592.

44 Pahlitzsch, G., Spur, G.: Einfluß der Auskraglänge auf den Standweg. wt — Z. ind. Fertig. 51 (1961) 455.

45 König, W.: Der Werkzeugverschleiß bei der spanenden Bearbeitung von Stahlwerkstoffen. wt — Z. ind. Fertig. 56 (1966) 29.

46 Pahlitzsch, G., Zellmer, H.: Ermittlung von Richtwerten beim Bohren mit Spiralbohrern. Forschungsbericht der TU Braunschweig, August 1964.

47 Erfahrungswerte für BTA-Bohrköpfe. Hrsg. Fa. Gebr. Heller, Bremen.

48 Greuner, B.: Das BTA-Verfahren beim Bohren von Leichtmetall, insbesondere von Aluminium. Aluminium-Z. 38 (1962) 243.

49 Gottwein, K., Reichel, W.: Kühlschmieren. München: Carl Hanser 1963.

50 Schultze, R. H.: Schneidöle für hohe Zerspanungsdrücke. VDI-Nachr. 19 (1965) Nr. 10, S. 15.

51 Schanzer, W.: Molybdändisulfid in Ölen und Fetten. Werkstatt u. Betrieb 94 (1961) 283.

52 Spur, G.: Ergebnisse von Schnittkraftmessungen beim Bohren mit Spiralbohrern. Maschinenmarkt 69 (1963) Nr. 36, S. 23.

53 Pahlitzsch, G., Spur, G.: Entstehung und Wirkung von Radialkräften beim Bohren mit Spiralbohrern. wt — Z. ind. Fertig. 51 (1961) 227.

54 Taschenbuch Präzisionswerkzeuge. Hrsg. Fa. R. Stock, Berlin, 1972.

55 Mitthof, F.: Werkzeugwechselpläne. wt — Z. ind. Fertig. 49 (1959) 165.

56 Stapf, H.: Voreinstellen von Bohrwerkzeugen. TZ g. prakt. Metallbearb. 59 (1965) 73.

57 Prospekte der Fa. Kelch & Co., Schorndorf.

58 Rocek, V.: Kombinierte Bohrwerkzeuge. TZ f. prakt. Metallbearb. 59 (1965) 343.

59 Reinert, H.: Die Herstellung von Schraubendurchgangs- und Kernlochbohrungen mit Mehrfasenbohrern. Maschinenmarkt 71 (1965) Nr. 43, S. 18.

60 Prospekte über Gelenkspindelbohrköpfe der Fa. Grotz, Bissingen/Erz.

61 Schulz, E.: Das Mehrspindelbohren auf Gelenkspindelbohrmaschinen. Maschinenbau (1964), Nr. 3, S. 105 u. Nr. 4, S. 154.

62 Mauri, H.: Vorrichtungsbau I—III. Werkstattbücher H. 33, 35, 42. 9., 7. u. 6. Aufl. Berlin, Heidelberg, New York: Springer 1969, 1968, 1971.

63 Ferling, W. P.: Hydraulische Werkstückspanner. Werkstattbücher H. 122. Berlin, Göttingen, Heidelberg: Springer 1961.

64 Prospekt über Schnellspann-Bohrvorrichtungen der Fa. Peiseler, Remscheid.

65 Kopp: Bruch des Bohrers wird angezeigt. VDI-Nachr. (1968), Nr. 12, S. 19.

66 Litschen, R.: Betrachtungen über den Einsatz numerisch gesteuerter Werkzeugmaschinen und deren Wirtschaftlichkeit. TZ f. prakt. Metallbearb. 60 (1966) 417.

67 Stüben, H.: Numerische Steuerungen für Werkzeugmaschinen. IndustrieElektrik + Elektronik 11 (1966) 349.

68 Rahmstorf, G.: Datenverarbeitung. Werkstattbücher H. 123. Berlin, Heidelberg, New York: Springer 1968.

69 EXAPT-Mitt. d. Vereins z. Förderung d. Programmiersystems, Aachen.

70 Bohr- und Feinbohrarbeit manuell programmiert für numerisch gesteuerte Bohrmaschine (Fallbeispiel). TZ f. prakt. Metallbearb. 60 (1966) Nr. 127, S. 406.

71 Opferkuch, H.: Bohr- und Fräsearbeit manuell programmiert für numerisch gesteuerte, vertikale Revolverkopfbohrmaschine (Fallbeispiel). TZ f. prakt. Metallbearb. 60 (1966) 194.

72 Bohren. REFA-Schrift. Berlin 1968.

73 Hoffmeister, G.: Die Werkzeugwechselzeit. Werkstatt u. Betrieb 94 (1961) 277.

74 Hummel, A.: Tiefbohren auf Universaldrehmaschinen. wt — Z. ind. Fertig. 64 (1974) 198.

75 Pristl, F., Franke, W.: Arbeitsvorbereitung II. Fertigung und Betrieb, Bd. 6. Berlin, Heidelberg, New York: Springer 1975.

76 Druckschriften der Fa. Koyemann, Nachf. Puchstein & Co., Erkrath.

77 Druckschriften über NC-Feinbohrwerkzeuge der Fa. Gebr. Heller, Nürtingen.

78 Reinartz, A.: Beschichten von Hartmetall mit Titannitrid. wt — Z. ind. Fertig. 61 (1971) 561.

79 VDI-Richtlinie 3425, Werkzeughalterung.

80 Kamps, G.: Bohrt in vielen Stoffen. Maschinenmarkt/MM-Ind. J. 77 (1971) 102.

81 REFA: Methodenlehre des Arbeitsstudiums. Bd. 2, 2. Aufl. München: Carl Hanser 1972.

82 REFA: Methodenlehre des Arbeitsstudiums, Bd. 3, 2. Aufl. München: Carl Hanser 1972.

83 Kienzle, O., Viktor, H.: Zerspanungstechnische Grundlagen für die kräftemäßige Berechnung und den Einsatz von Drehbänken, Hobelmaschinen und Bohrmaschinen. Werkstatttechnik u. Maschinenbau 47 (1957) 283.

84 Kienzle, O., Viktor, H.: Spezifische Schnittkräfte bei der Metallbearbeitung. Werkstatttechnik u. Maschinenbau 47 (1957) 224.

85 Bellmann, R.: Lehrenbohrwerke — genaues Arbeiten auf genauen Maschinen. wt — Z. ind. Fertig. 63 (1973) 536.

86 Schurr, R., Tränkle, H.: Konstruktive Merkmale an Bearbeitungszentren zum Bohren und Fräsen. wt — Z. ind. Fertig. 63 (1973) 789.

87 Müller, R.-E.: Bohrtast-Aufbaueinheit zum Bohren und Gewindeschneiden. wt — Z. ind. Fertig. 63 (1973) 301.

Sachverzeichnis

721/5/75